Hieronymus Carl Friedrich
Freiherr von Münchhausen

D1942824

**Uwe Schumacher**

# Hieronymus Carl Friedrich Freiherr von Münchhausen

**Visionär und Vordenker**

Cuvillier Verlag Göttingen

**Bibliografische Information der Deutschen Nationalbibliothek**
Die Deutsche Nationalbibliothek verzeichnet diese Publikation in der Deutschen Nationalbibliografie; detaillierte bibliografische Daten sind im Internet über http://dnb.d-nb.de abrufbar.
1. Aufl. - Göttingen: Cuvillier, 2016

© CUVILLIER VERLAG, Göttingen 2016
Nonnenstieg 8, 37075 Göttingen
Telefon: 0551-54724-0
Telefax: 0551-54724-21
www.cuvillier.de

Alle Rechte vorbehalten. Ohne ausdrückliche Genehmigung des Verlages ist es nicht gestattet, das Buch oder Teile daraus auf fotomechanischem Weg (Fotokopie, Mikrokopie) zu vervielfältigen.
1. Auflage, 2016
Gedruckt auf umweltfreundlichem, säurefreiem Papier aus nachhaltiger Forstwirtschaft.

ISBN 978-3-7369-9231-3
eISBN 978-3-7369-8231-4

*Gisela,*
*unseren Töchtern und Enkeln*
*in Dankbarkeit gewidmet*

*Alle historische Erfahrung bestätigt, dass die Menschen das Mögliche nicht erreichen würden, strebten sie nicht wieder und wieder nach dem Unmöglichen.*

*Max Weber*

# Inhalt


Seite

Einleitung ... 9

I. „Sonne mit Frostschaden“ und unser Klima ... 14

II. „Eingefrorenes Posthorn“ und Paläoklimatologie ... 17

III. „Werkzeug aus dem Strahl gefrierenden natürlichen Wassers“ und Baugrundvereisung ... 21

IV. „Explosion des entsetzlichen Bären“, explosive und kontrollierte Energiefreisetzung ... 23

V. „Kutschendurchsprung“ und Kollisions-Wirkungsquerschnitte ... 30

VI. „Am-eigenen-Haarzopf-aus-dem-Sumpf-Ziehen“ und Selbsthilfe (Bootstrapping) ... 33

VII. „Ritt auf der Kanonenkugel“ und Spionage ... 42

VIII. „Aufflattern der an eine Schnur gebundenen Enten“, Synergetik, kollektive Beschleunigung und Fliegen ... 45

IX. „Kirschbaumgeweih“ und Implantation ... 50

X. „Mondfahrt“, moderne Raumfahrt und Suche nach außerirdischem Leben ... 54

Literatur ... 61

# Einleitung

Schon seit der ersten Veröffentlichung der „Münchhausiaden“ wurden die unglaublichen Erlebnisse und Abenteuer des Hieronymus Carl Friedrich Freiherrn von Münchhausen von sehr vielen Menschen mit „glühendem Interesse“ und großer Freude, mindestens aber mit „stillem Schmunzeln“ gelesen [1]. Münchhausen als ein mit Phantasie hochbegabter und talentierter Fabulierer hat jedoch nie an eine Veröffentlichung seiner Abenteuergeschichten gedacht, dies hätte sich mit seiner Ehre als Calenbergischer Edelmann nicht vertragen [1]. Die Münchhausen-Anekdoten wurden ohne seine Zustimmung und ohne Namensnennung des Herausgebers 1785 zuerst in englischer Sprache gedruckt. Wie sich erst später herausstellte, war der Universalgelehrte Rudolf Erich Raspe (1737-1784), ein gebürtiger Hannoveraner, Museumskurator in Kassel und Forscher in Geologie, Kunst und Literatur in Großbritannien, der Herausgeber des 1785 in London gedruckten Büchleins „Baron Münchhausen's Narrative of his marvellous Travels and Campains in Russia“ [2,3]. Nach der 2. englischen Auflage wurden die „Münchhausiaden“ von Gottfried August Bürger bearbeitet und ins Deutsche übersetzt [4-7]. Sie erfreuen sich seitdem sehr großer Beliebtheit und nicht nachlassenden Erfolges. Doch Münchhausen hat der Drucklegung seiner „lügenhaften“ Abenteuergeschichten – noch dazu unter seinem vollen Namen – nie zugestimmt, und er hat Gottfried August Bürger (1747-1794) und Georg Christoph Lichtenberg (1742-1799), die er für die Autoren des Buches hielt, nie verziehen [1]. Mit seinen so genannten „lügenhaften“ Abenteuergeschichten hat von Münchhausen niemanden betrogen, gekränkt oder übervorteilt. Dass er – gegen sein Lebensende – in diesem Zusammenhang sogar als „Lügenbaron“ bezeichnet wurde und die gegnerischen Anwälte bei seinem unglücklichen Scheidungsprozess dieses böse Wort aufgriffen, um ihn als unglaubwürdig hinzustellen, hat ihn als Einzelperson maßlos gekränkt und beleidigt [1,8]. Auch gute zwei Jahrhunderte später kann man seine Kränkung nachempfinden, wenn man die Reaktionen auf das Wort „Lügenpresse“, das man zum Unwort des Jahres 2014 gewählt hat, als Schmähwort gegen eine ganze Berufsgruppe bedenkt, die ihre Informationen auch gern möglichst attraktiv darstellen möchte. Allerdings sollte die Presse bei der Korrektur ihrer offensichtlichen Falschmeldungen nicht vom „Münchhausen-Check“, sondern vom Faktencheck sprechen.

Bei der Beurteilung der Münchhausiaden sollte man es sich nicht so einfach machen und meinen, „der Witz der Geschichten liege (nur) darin, dass physikalische und biologische Möglichkeiten ad absurdum geführt werden“ [9]. Vielmehr darf man sich fragen, ob den Freiherrn Hieronymus von Münchhausen nicht wesentlich ernsthaftere Gesichtspunkte oder Visionen zu der Erzählung seiner Abenteuergeschichten motiviert haben könnten. Hieronymus stammt nämlich aus dem im 12. Jahrhundert im südlichen Niedersachsen und Mitteldeutschland erstmals erwähnten Adelsgeschlecht der von Münchhausen, aus dem eine Zahl großer und bedeutender Persönlichkeiten hervorgegangen ist [1,10]: Hilmar von Münchhausen (1512-1573) war ein sehr erfolgreicher deutscher Söldnerführer und königlich spanischer Obrist, der zu den bedeutenden Bauherren der Weserrenaissance gehörte, ebenso wie seine Söhne Hilmar der Jüngere von Münchhausen (1558-1617), der das Schloss Schwöbber vollendete, und Statius von Münchhausen (1555-1633), der das Schloss Bevern in den Jahren 1603 bis 1612 erbaute und zu den reichsten und schillerndsten Persönlichkeiten seiner Zeit zählte. Hilmar der Jüngere hat in Heidelberg studiert; er korrespondierte mit den angesehenen lutherischen Theologen und Gelehrten seiner Zeit, die den jungen Edelmann lobten, so wie ihn der Wolfenbütteler Kanzler Weyhe zu einer „Blume des Adels" erhob [11]. Ebenso traten die Brüder der Frau von Hilmar dem Jüngeren und einige seiner Schwiegersöhne als Bauherren der Weserrenaissance hervor. Die Schlossherren von Schwöbber wurden wegen ihrer geistlichen und wissenschaftlichen Ambitionen und ihrer verinnerlichten Lebenshaltung berühmt [11]. Gerlach Adolph von Münchhausen (1688-1770) war britisch-hannoverscher Premierminister, der 1734 die Georg-August-Universität Göttingen gründete und dreiunddreißig Jahre lang – bis zu seinem Tod – deren Kurator war. Ernst Friedemann von Münchhausen (1724-1784) trat in Preußen als Justizminister Friedrichs des Großen politisch hervor, auch im Zusammenhang mit dem berühmten Prozess um die Mühle von Sanssouci [1]. Otto von Münchhausen (1716-1774) verwandelte den französischen Garten auf seinem Gut Schwöbber in den ersten Englischen Garten des Kontinents und gab eine vielgelesene Zeitschrift, den in sechs Bänden erschienenen „Hausvater", mit Regeln und Grundsätzen für Ackerbau und Viehzucht zur Hebung der Landwirtschaft heraus [11]. Die Herren von Münchhausen auf Schwöbber brachten noch zwei Schriftsteller hervor: Johann von Münchhausen gab 1912 das Buch mit dem Titel „Münchhausen ist auferstanden" heraus, das aber nicht mit den Erzählungen des Hieronymus von Münchhausen mithalten kann, und sein Sohn Max (1868-1921) schrieb 1905 den Roman „Eckart von Jepern" und das Drama „Lord Byron" [11]. Zu den bekanntesten Nachkommen derer von Münchhausen zählt auch der große deutsche Schriftsteller, Lyriker und Balladendichter Börries Freiherr von Münchhausen (1874-1945).

Hohes Ziel dieser erfolgreichen und hoch motivierten Persönlichkeiten war unzweifelhaft, die Gesellschaft, in der sie lebten, zu unterstützen und sie in ihrer Entwicklung voran zu bringen, die großen Probleme ihrer Zeit zu erkennen und an ihrer Lösung mitzuwirken. Darüber hinaus waren sie aufgeschlossen, das Wissen der damaligen Zeit – das Zeitalter der Aufklärung, das auf etwa 1650 bis 1800 datiert wird, – aufzunehmen, dessen Grenzen zu erkennen und zu erweitern oder sogar zu überschreiten, um damit Neues zu schaffen.

In diesem gesellschaftlichen Umfeld und der ihm mitgegebenen geistigen Prägung mag sich Hieronymus Carl Friedrich von Münchhausen sicher auch viele grundsätzliche Gedanken gemacht haben, die ihn zu Visionen führten. In seiner Jugend und mit seiner frühen Einbindung in das große Weltgeschehen durch seine Teilnahme 1739 an zwei russisch-türkischen Feldzügen – teilweise bei eisiger Winterkälte –, durch seine frühe Beförderung 1740 zum Leutnant und zwei Jahre später durch seinen Kampf im russisch-schwedischen Krieg in Finnland [1,8] standen diese Ideen zuerst im Zusammenhang mit Problemen der winterlichen Kälte und der Kriegsführung in Finnland und in Russland. Sie wurden dann vor allem bereichert um die Bemühungen um wachsende Schnelligkeit auf dem Land und mögliche Erhebung in die Luft, um die Waffenentwicklung für die Jagd, um die Spionage und – häufig ganz spontan – um die geniale Befreiung aus lebensbedrohenden Situationen. Daraus entwickelten sich generellere, zu seiner Zeit noch nicht behandelte Themen wie die Entwicklung unseres Klimas und seine Abhängigkeit vom Zustand der Sonne, das Einfrieren von Information, die Erfindung ungewöhnlicher Werkzeuge und die Bewusstmachung verschwindender Teilchen-Wechselwirkung. Die Nutzung der Selbstorganisation vorher verstreut schwimmender Enten durch einen Zustandswechsel zum Abheben in die Luft, die Überwindung der Schwerkraft, die Nutzung der Aerodynamik zur Steuerung eines Fluges und die Exploration der extraterrestrischen Welt kamen dann als fantastische und ungewöhnliche Ideen und Visionen noch hinzu.

Sein Streben nach Schnelligkeit kam in der Bewunderung und maßlos übertriebenen Schilderung seiner schnellfüßigen Dienerschaft und seiner außerordentlich schnellen Hunde und Pferde zum Ausdruck: So berichtet er im elften Kapitel (Sechstes Seeabenteuer) von seiner Wette mit dem Sultan in Konstantinopel, *„diesem binnen einer Stunde von der Kaiserin-Königin Maria Theresia aus dem Kaiserlichen Keller in Wien eine Flasche Tokaier herbeischaffen zu lassen"* [6, S.105]. Unter natürlich unglaublichen Bedingungen langte Münchhausens äußerst schnellfüßiger Diener *„mit der Flasche Tokaier und einem eigenhändigen Billett von Maria Theresia rechtzeitig vor des Sultans Kabinette an"* [6, S. 109]. Von einem Windspiel erzählt er: *„Das Tierchen war minder wegen seiner Gestalt als wegen seiner außerordentlichen Schnelligkeit merkwürdig. Hätten die Herren es gesehen, so würden sie es gewiss bewundert und sich gar nicht verwundert haben, dass ich es so lieb hatte und so oft mit ihm jagte. Es lief so* *schnell, so oft und so lange in meinem Dienste, dass es sich die Beine ganz dicht unterm Leibe weglief und ich es in seiner letzten Lebenszeit nur noch als Dachssucher gebrauchen konnte, in welcher Qualität es mir denn ebenfalls noch manch liebes Jahr diente* [6, S.41]". Die heute zu höchster Geschwindigkeit getriebenen Sportler sind sicher die Leichtathleten, und an die schnellen „Windspiele" des Hieronymus erinnern die Entwicklungen der Formel 1-Fahrzeuge mit ihrem ebenfalls sehr tiefliegenden Schwerpunkt.

Seine Reisen durch Russland zur bitterkalten Winterszeit brachten den Freiherrn von Münchhausen auf die damals ungewöhnliche Idee, dass das Klima mit dem Aussehen („Frostschaden") der Sonnenoberfläche zusammenhängen könne [6, S. 60], eine Korrelation, die erst zweihundert Jahre später intensiv untersucht werden konnte. Auch der eindrucksvoll große Unterschied der mechanischen Eigenschaften des Wassers in den Aggregatzuständen flüssig und fest (Eis) hat Hieronymus wohl auf die neuen Gedanken der Konservierung von Information wie für die „eingefrorene Posthornmusik" [6, S.61-64] oder auf die Erfindung neuer Werkzeuge (in ernster Notlage) [6, S. 29-31] geführt, lange bevor deren technische und wissenschaftliche Nutzungen realisiert werden konnten. Das Fliegen mit einer Kette von Enten [6, S. 18-21] scheint die Erkenntnis der Selbstorganisation ohne äußeren Zwang vorwegzunehmen, mit der im letzten Jahrhundert das Wissenschaftsgebiet der Synergetik von Herrmann Haken aufgetan wurde [12]. Selbst die wieder in einer bedrohlichen Notlage erfolgte Waffenentwicklung gegen den „entsetzlichen Bären" in Polen [6, S. 27-29] mit dem Prinzip zweier extrem schnell aufeinander geschossener Materialien – a priori und a posteriori – scheint die nukleare Zündung vorauszuahnen, die zwei Jahrhunderte später im „Kalten Krieg" gegen den „russischen Bären" die entscheidende Rolle gespielt hat. Der Ritt auf der Kanonenkugel [6, S. 51-53] ist eine geniale Vorwegnahme der heutigen Spionagetechniken, und das „Am-eigenen-Haarzopf-aus-dem-Sumpf-Ziehen" [6, S. 53-54] hat sogar in mehreren verschiedenen und von einander unabhängigen Wissenschaftsdisziplinen zur „Münchhausen-Methode" bzw. zum „Bootstrapping" geführt.

Dass man eine in der Wissenschaft lange akzeptierte Grenze durch neue Ideen und beharrliche Forschungsarbeit überschreiten und damit Neues schaffen kann, ist mit dem 2014 vergebenen Nobelpreis für Chemie an Stefan Hell, William Moerner und Eric Betzig deutlich geworden [13]: Bei der mikroskopischen Beobachtung war seit 1873 die von Ernst Abbe angegebene laterale mikroskopische Auflösungsgrenze [14] wie ein „Naturgesetz" gegeben: Sichtbares Licht (mit einer mittleren Wellenlänge von 600 Nanometern) lässt sich nicht besser fokussieren als auf ein diffuses Beugungsscheibchen mit einem lateralen Durchmesser von etwa 200 Nanometern, also etwa einem Drittel der verwendeten Wellenlänge [14]. Die Forscher wurden für ihre Arbeiten zur superauflösenden Fluoreszenzmikroskopie [13] ausgezeichnet, mit der sie die bisherige mikroskopische (Abbesche) Auflösungsgrenze deutlich überschreiten konnten, indem sie sich das stochastische An- und Ausschalten einzelner Moleküle zunutze machten. Im weiten Sinne wurde damit ein Wort Nelson Mandelas: *„It always seems impossible until it's done"* bestätigt.

Die über zweieinhalb Jahrhunderte währende Faszination und hohe Attraktivität der Münchhausiaden mag auch daran liegen, dass sie nicht nur als Adynata empfunden werden, die also – als überraschende Ereignisse eingeführt – in klarem Gegensatz zu den Naturgesetzen oder der Weltordnung stehen, sondern gewagte Ideen und Visionen enthalten, von denen die Wissenschaft immer stark gefördert und vorangetrieben wurde. Herausragende Beispiele für Visionäre in der Wissenschaftsgeschichte und Universalgelehrte im Zeitalter der Aufklärung sind der französische Philosoph, Mathematiker und Naturwissenschaftler René Descartes (1596-1650), der englische Naturforscher und Philosoph Isaac Newton (1643-1729), der deutsche Philosoph, Mathematiker, Diplomat und Historiker Gottfried Wilhelm Leibniz (1646-1716), der universelle Geist, der einen binären Code für Rechenmaschinen schon 230 Jahre vor Konrad Zuses Rechner entwickelte, und der große deutsche Naturforscher Alexander von Humboldt (1769-1858), der „von der Existenz der globalen Natur überzeugt war, in der alles miteinander verbunden ist" [15].

Da die Ideen mancher der visionären Münchhausiaden nicht sehr weit von einigen Ergebnissen der modernen technischen Entwicklungen und naturwissenschaftlichen Forschung zu liegen oder doch stark damit korreliert zu sein scheinen, wird im Folgenden versucht, an einige der „Münchhausiaden" die moderne technische und naturwissenschaftliche Entwicklung anzuschließen. Dazu werden zehn Abschnitte aus Münchhausens Geschichten nach Gottfried August Bürger [6] in *kursiver Schrift* – mit den entsprechenden Kopien der Holzschnitte von Gustave Doré – jeweils vorangestellt den (vereinfachten) Darstellungen der zugehörigen weiteren (modernen) Entwicklungen mit ihren entsprechenden Referenzen.

In diesem Sinne seien die bewundernswerte Intuition des Hieronymus Carl Friedrich Freiherrn von Münchhausen, seine Visionen und sein Bemühen um kreative Entwicklungen im Geiste des Zeitalters der Aufklärung, besonders aber auch des Wortes von Max Weber (1864-1920) verstanden: *„Alle historische Erfahrung bestätigt, dass die Menschen das Mögliche nicht erreichen würden, strebten sie nicht wieder und wieder nach dem Unmöglichen"* [16], oder wie es Hermann Hesse (1877-1962) fast identisch empfohlen hat: *„Damit das Mögliche geschehe, muss immer wieder das Unmögliche versucht werden"*.

# I. „Sonne mit Frostschaden“ und unser Klima

Aus dem fünften Kapitel (Abenteuer des Freiherrn von Münchhausen während seiner Gefangenschaft bei den Türken; er kehrt in seine Heimat zurück) [6, S. 60]:

*Nicht lange hierauf machten die Russen mit den Türken Frieden, und ich wurde nebst anderen Kriegsgefangenen wieder nach Petersburg ausgeliefert. Ich nahm aber nun meinen Abschied und verließ Russland um die Zeit der großen Revolution vor etwa vierzig Jahren, da der Kaiser in der Wiege nebst seiner Mutter und ihrem Vater, dem Herzoge von Braunschweig, dem Feldmarschall von Münnich und vielen anderen nach Sibirien geschickt wurden. Es herrschte damals über Europa ein so* ***außerordentlich strenger Winter, dass die Sonne eine Art von Frostschaden erlitten haben muß, woran sie seit der ganzen Zeit her bis auf den heutigen Tag gesiecht hat.*** *Ich empfand daher auf der Rückreise in mein Vaterland weit größeres Ungemach, als ich auf meiner Hinreise nach Russland erfahren hatte* [6, S. 60].

Die in diesem Erzählabschnitt dargestellte Korrelation des Klimas mit dem Aussehen der Sonnenoberfläche sieht die derzeitigen umfangreichen Untersuchungen und wissenschaftlichen Ergebnisse zum Zusammenhang der Sonnenaktivität, die ihren sichtbaren Ausdruck in den Sonnenflecken findet, mit der Erdtemperatur und dem Klima voraus [I.1,I.2].

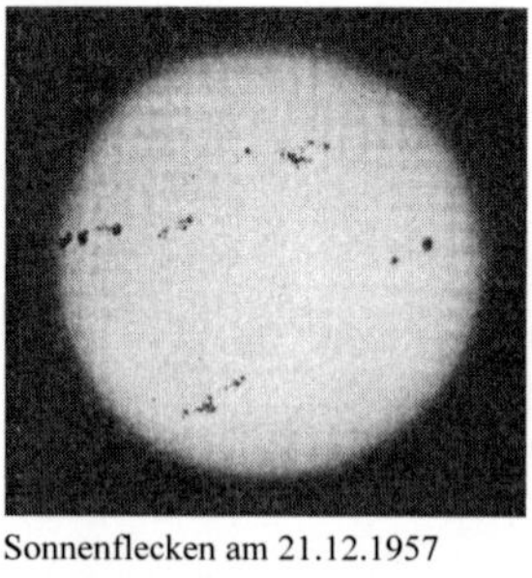

Sonnenflecken am 21.12.1957

Die Strahlung der Sonne ist die Energiequelle für unsere Erde, für ihr Wetter und ihr Klima. Jede mittel- und längerfristige Schwankung des gesamten Strahlungsflusses der Sonne, die „Solare Variabilität“, hat damit einen direkten Einfluss auf die Klimaentwicklung auf der Erde. Möglicherweise hatte Hieronymus Freiherr von Münchhausen (11.05. 1720 - 22.02.1797), sicher jedoch Rudolf Erich Raspe (1737-1794), ein Universalgelehrter seiner Zeit und der Sammler der Münchhausenanekdoten, von den Sonnenflecken gehört [I.5]. Die Sonnenflecken wurden 1609 von Galileo Galilei (1567-1642) und 18 Monate später (am 6. März 1611) von Christoph Scheiner (1575-1650) entdeckt und seitdem dokumentiert [I.6]. Dass Münchhausen den strengen Winter und die weitere Klimaentwicklung mit einer „Art von Frostschaden“ der Sonne in Beziehung setzt, ist bemerkenswert und weitsichtig, wenngleich die detaillierten neueren Messergebnisse und Interpretationen für diese Eigenschaften eine Antikorrelation finden [I.2] und sehr viele Einflussfaktoren in den langfristigen Klimaprognosen berücksichtigt werden müssen [I.7].

Die Sonnenflecken häufen sich – von längerfristigen Schwankungen überlagert – in etwa elfjährigem Zyklus und leben mehrere Tage bis Wochen. Im sichtbaren Licht (wie in der obigen Abbildung) erscheinen sie dunkel, weil ihre Temperatur mit nahezu 4000 Kelvin um etwa 2000 Kelvin niedriger als in der Umgebung ist. Denn hohe Magnetfelder behindern in diesen Regionen den Energietransport aus dem Sonneninneren durch das Plasma der Konvektionszone und der Photosphäre. In den die Sonnenflecken umgebenden „Fackelgebieten“ strahlt die Sonne aber intensiver, so dass die gesamte Einstrahlung der Sonne auf die Erde – insbesondere auch durch Beiträge im ultravioletten Spektralbereich – im Mittel von Fleckenminimum zu Fleckenmaximum um etwa 0,1 % zunimmt [I.3,I.4,I.5]. Den Beweis des Zusammenhangs der Strahlungsaktivität der Sonne auf der Frequenz 2800 MHz (10,7 cm Wellenlänge) mit den Sonnenflecken trat der Kanadier Arthur Covington seit 1947 in Ottawa an (F10.7 Daily Solar Index oder Covington Index genannt [I.8]). Das war über 160 Jahre nach der Veröffentlichung des „Frostschadens der Sonne im außerordentlich strengen Winter über Europa“ in den „Münchhausiaden“. Da die radioaktiven Isotope $^{14}C$ und $^{10}Be$ auch ein (antikorreliertes) Maß für die Sonnenaktivität darstellen (Stellvertreter-Daten) [I.9], lässt sich die Temperaturentwicklung auf der Erde für das letzte Jahrtausend (und auch früher) mit der Sonnenfleckenaktivität in Beziehung setzen [I.2]: Die Abbildung zeigt das mittelalterliche Flecken- und Temperatur-Maximum (a), das Wolf-(b) und das Spörer-Minimum (c), die Maunder-(d) und Dalton-(e)-Minima und das gegenwärtige Maximum (f)

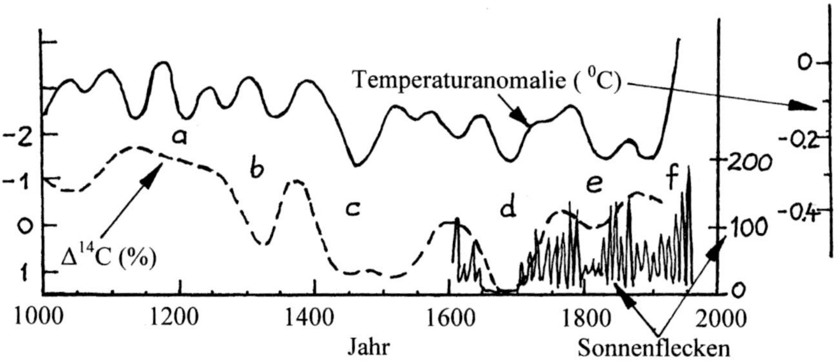

[I.2,I.3]. Das mittelalterliche Temperatur-Maximum (a) bescherte dem 12. Jahrhundert ein warmes Klima und ermöglichte den Wikingern die Besiedlung Grönlands. Dagegen fiel das Maunder-Minimum (d) mit seiner geringen Sonnenaktivität in der zweiten Hälfte des 17. Jahrhunderts mit der so genannten kleinen Eiszeit in Europa zusammen. Zu dieser Zeit gefror die Themse regelmäßig, und die alpinen Gletscher wuchsen weit in die Täler hinein. Auch die berühmten Bilder des niederländischen Malers Hendrick Averkamp mit ihren eindrucksvollen Winterstimmungen spiegeln diese klimatische Situation wider [I.9].

Münchhausens kalte russische Winter fielen in den Ausgang dieses Maunder-Minimums.

# II. „Eingefrorenes Posthorn“ und Paläoklimatologie

Aus dem fünften Kapitel (Abenteuer des Freiherrn von Münchhausen während seiner Gefangenschaft bei den Türken; er kehrt in seine Heimat zurück) [6, S. 61, 63-64]:

*Ich musste, weil mein Litauer in der Türkei geblieben war, mit der Post reisen. Als sichs nun fügte, dass wir an einen engen hohlen Weg zwischen hohen Dornhecken kamen, erinnerte ich den Postillion, mit seinem Horne ein Zeichen zu geben, damit wir uns in diesem engen Passe nicht etwa gegen ein anderes entgegenkommendes Fuhrwerk festfahren mochten. Mein Kerl setzte an und blies aus Leibeskräften in das Horn, aber alle seine Bemühungen waren umsonst. Nicht ein einziger Ton kam heraus, welches uns ganz unerklärlich, ja in der Tat für ein rechtes Unglück zu achten war, indem bald eine andere uns entgegenkommende Kutsche auf uns stieß, vor welcher nun schlechterdings nicht vorbeizukommen war. ...*

*... In der Herberge erholten wir uns wieder von unserm Abenteuer. Der Postillion hängte sein Horn an einen Nagel beim Küchenfenster, und ich setzte mich ihm gegenüber.*

*Nun hört, ihr Herren, was geschah! Auf einmal gings: Tereng! tereng! teng! teng! Wir machten große Augen und fanden nun einmal die Ursache heraus, warum der Postillion sein Horn nicht hatte blasen können.* ***Die Töne waren in dem Horne festgefroren und kamen nun, so wie sie nach und nach auftaueten, hell und klar zu nicht geringer Ehre des Fuhrmanns heraus.*** *Denn die ehrliche Haut unterhielt uns nun eine ziemliche Zeitlang mit der herrlichsten Modulation, ohne den Mund an das Horn zu bringen. Da hörten wir den preußischen Marsch – Ohne Lieb und ohne Wein – Als ich auf meiner Bleiche – Gestern abend war Vetter Michel da – nebst noch vielen anderen Stückchen, auch sogar das Abendlied: Nun ruhen alle Wälder. – Mit diesem letzten* *endigte sich denn dieser Tauspaß, so wie ich hiermit meine russische Reisegeschichte* [6, S. 61, 63-64].

Weit vor der Erfindung der Schallplatte und der CD zur reproduzierbaren mechanischen oder magnetischen Speicherung und vielfachen Wiedergabe von Musik und Sprache wollte uns Hieronymus von Münchhausen mit dieser wunderbaren Geschichte von den im Posthorn eingefrorenen Melodien darüber in Kenntnis setzen, dass Informationen durch Einfrieren einmalig gespeichert werden können.

In diesem Sinne analysiert die Paläoklimatologie als Teilbereich der Historischen Geologie aus so genannten Klimaarchiven die klimatischen Verhältnisse in der erdgeschichtlichen Vergangenheit: Mit der Eiskernanalyse machen die Paläoklimatologen die unter anderem im grönländischen und im antarktischen Eis über sehr lange Zeiträume einmalig archivierten Informationen über unsere Erde aus früheren erdgeschichtlichen Zeiträumen für uns zugänglich. Dabei rekonstruieren sie zwar keine herrlichen Posthorn-Melodien, entnehmen aber aus den Konzentrationen der in den Luftbläschen eingeschlossenen stabilen Isotope des Wassers und Gaskomponenten in ihrer Abhängigkeit von der Eiskerntiefe den Verlauf der Temperaturen an der Erdoberfläche über sehr lange Zeitläufe, zu deren Datierung viele der eingeschlossenen Spurenstoffe mithelfen. Die im Eis eingeschlossene Luft gibt darüber hinaus Auskunft über die Zusammensetzung der Atmosphäre und deren Gehalt an Treibhausgasen wie dem Kohlendio-

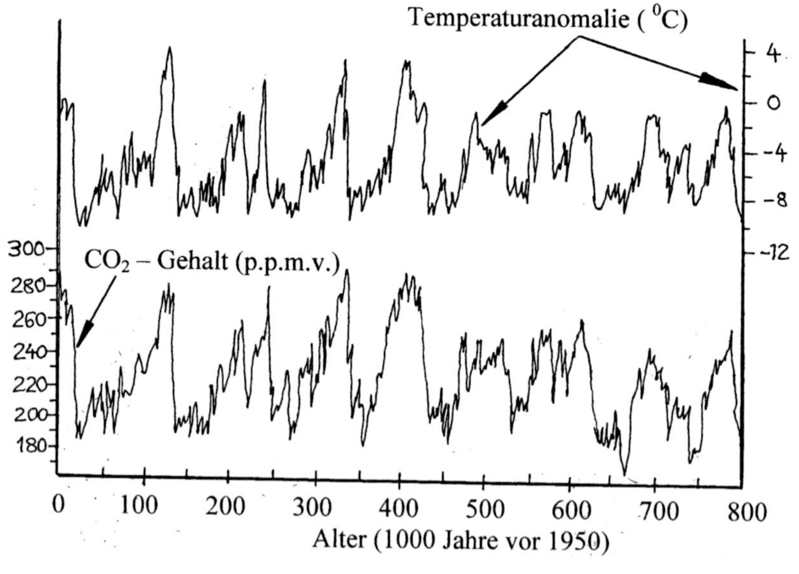

xid $CO_2$ und dem Methan $CH_4$. In dem besten Klimaarchiv unserer Erde, dem antarktischen Eis auf dem 3233 Meter hohen Berg „Dome C“ in der Antarktis, der unglaublich kalt ist, haben Wissenschaftler des europäischen Projektes Epica (European Project for Ice Coring in Antarctica) bis zu 3270 Meter tief in das Eis gebohrt. Ein anderes Eisbohr-Projekt ist NEEM (North Greenland Eemian Ice Drilling Project), das einen 2,5 km langen Eisbohrkern aus Grönland für die nördliche Hemisphäre ausgewertet hat [II.3]. Die Analyse hierfür reicht bis zur letzten Zwischen-Eiszeit, der Eem-Warmzeit (vor 115 000 bis zu 130 000 Jahren) zurück. Damals war die Erde 3 bis 5 °C wärmer als heute und somit vergleichbar unserem zukünftigen Klima.

Um aus der Analyse der Bohrkerne auf die in Vorzeiten eingeschlossenen Gase und damaligen Temperaturen schließen zu können, muss der komplexe Prozess der Verdichtung von Schnee über Firn zu Eis auf der Gletscheroberfläche, der von Temperatur, Niederschlag, Wind und Verunreinigungen abhängt, sorgfältig berücksichtigt werden [II.3]. Aus dieser detaillierten Analyse der winzigen Gaseinschlüsse in den Bohrkernen konnten die Wissenschaftler erstmals die Geschichte der Erdatmosphäre in den vergangenen 800 000 Jahren lückenlos zurückverfolgen [II.1-2]. Die Abbildung zeigt die Abhängigkeit der Temperaturanomalie (in °C) und die Konzentration des Kohlendioxids $CO_2$ (in p.p.m.v., parts per million, d.h. Teile von einer Million) über dem Alter in 1000 Jahren vor 1950 [II.1].

Die Analyse der Mikrostruktur dieser Bohrkerne aus dem Eis der Antarktis, dessen längster Kern 3270 Meter misst, wurde mit dem Large Area Scan Microscope mit einer Auflösung von 5 Mikrometer durchgeführt [II.3]. Das Eiskern-Bild aus 60 Meter Tiefe zeigt Korngrenzen und Poren als Gaseinschlüsse, die mit zunehmender Tiefe kleiner und rarer werden. Unter etwa 1 km Tiefe haben sich alle Gaseinschlüsse in Lufthydrate gewandelt. Ein stratigraphisches Bild, mit dem die Datierung der Eisbohrkerne erfolgt, gelang mit dem Intermediate Layer Core Scanner [II.3].

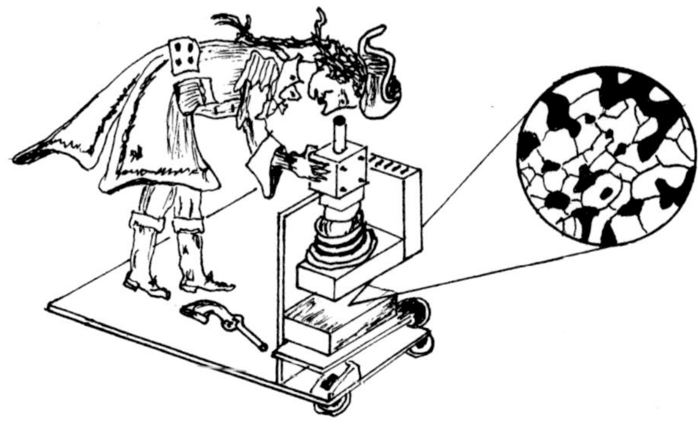

Hieronymus Freiherr von Münchhausen wäre sicher – ebenso wie über die eingefrorenen Melodien des Posthorn blasenden

Kutschers – sehr glücklich gewesen, hätte er die vergrößerten Querschnitte aus Tausenden von Jahren alten Bohrkernen im Großflächen-Scan-Mikroskop [II.3] sehen und damit an die Tradition seines auf Schwöbber geborenen Verwandten Otto von Münchhausen (1716-1774) anknüpfen können, der bereits als Naturforscher und Agrarwissenschaftler ein Mikroskop besaß und benutzte [10].

## III. „Werkzeug aus dem Strahl gefrierenden natürlichen Wassers“ und Baugrundvereisung

Aus dem zweiten Kapitel (Jagdgeschichten) [6, S. 29-31] :

*Es war aber gewissermaßen recht mein Schicksal, dass die wildesten und gefährlichsten Bestien mich gerade alsdann angriffen, wenn ich außerstande war, ihnen die Spitze zu bieten, gleichsam als ob ihnen der Instinkt meine Wehrlosigkeit verraten hätte. So hatte ich einst gerade den Stein von meiner Flinte abgeschraubt, um ihn etwas zu schärfen, als plötzlich ein schreckliches Ungeheuer von einem Bären gegen mich anbrummte. Alles was ich tun konnte, war, mich eiligst auf einen Baum zu flüchten, um dort mich zur Verteidigung zu rüsten. Unglücklicherweise aber fiel mir während meines Hinaufkletterns mein Messer, das ich eben gebraucht hatte, heruntern, und nun hatte ich nichts, um die Schraube, die sich ohnedies sehr schwer drehen ließ, zu schließen. Unten am Baume stand der Bär, und mit jedem Augenblicke musste ich erwarten, dass er mir nachkommen würde. Mir Feuer aus den Augen zu schlagen, wie ich es wohl ehemals getan hatte, wollte ich nicht gern versuchen, weil mir, anderer Umstände, die im Wege standen, nicht zu gedenken, jenes Experiment heftige Augenschmerzen zugezogen hatte, die noch nicht ganz vergangen waren. Sehnlich blickte ich nach meinem Messer, das unten senkrecht im Schnee steckte; aber die sehnsuchtvollsten Blicke machten die Sache nicht um ein Härchen besser. Endlich kam ich auf einen Gedanken, der so sonderbar als glücklich war. Ich gab dem Strahle desjenigen Wassers, von dem man bei großer Angst immer großen Vorrat hat, eine solche Richtung, dass es gerade auf das Heft meines Messers traf.* ***Die fürchterliche Kälte, die eben war, machte, dass das Wasser sogleich gefror und in wenigen Augenblicken sich über meinem Messer eine Verlängerung von Eis bildete,*** *die bis an die untersten Äste des Baumes reichte. Nun packte ich den aufgeschossenen Stiel und zog ohne viel Mühe, aber mit desto mehr Behutsamkeit mein Messer zu mir herauf. Kaum hatte ich damit den Stein festgeschraubt, als Herr Petz angestiegen kam. Wahrhaftig, dachte ich, man muß so weise als ein Bär sein, um den Zeitpunkt so gut abzupassen, und empfing Meister Braun mit*

*einer so herzlich gemeinten Bescherung von Rollern, dass er auf ewig das Baumsteigen vergaß* [6, S. 29-31].

In einer Situation, die sein Leben „von einem schrecklichen Ungeheuer von einem Bären“ bedrohte, ersann Hieronymus von Münchhausen ein möglicherweise rettendes sehr ungewöhnliches Werkzeug, das auf der großen Änderung der mechanischen Eigenschaft des Wasserstrahls beim Übergang vom flüssigen in den festen Zustand beruht: Generell können Eiszapfen mehrere Meter lang werden. Ab einer bestimmten Länge ist allerdings der Punkt erreicht, an dem der Zapfen aufgrund seiner beschränkten Zerreißfestigkeit bei hohem Eigengewicht nicht mehr gehalten werden kann und abbricht. Obwohl die vertikale Druckfestigkeit von Eis mit 3129 kPa (kilo-Pascal; 100 kPa = $10^5$ kg $m^{-1}$ $s^{-2}$ = $10^5$ N $m^{-2}$ = 1 bar) relativ hoch ist, beträgt die Biegefestigkeit von Kerneis nur etwa 538 kPa [III.1], während die von Eisen mit etwa 206 GPa (Giga-Pascal) um fast 6 Größenordnungen darüber liegt.

Der geniale Gedanke des Hieronymus von Münchhausen, die große Steigerung der Festigkeit von Wasser beim Übergang vom flüssigen in den gefrorenen Zustand zu nutzen, liegt heute dem Bauverfahren im Tiefbau mit der Bodenvereisung oder der Baugrundvereisung zugrunde. Dabei wird der Boden durch künstliches Gefrieren des Bodenwassers verfestigt und wasserundurchlässig gemacht [III.2-III.4]. Der damit entstandene Frostkörper gibt der Baugrube oder dem zu erstellenden Tunnel die notwendige Stabilität und schützt darüber hinaus die Baustelle vor eindringendem Wasser. Die Vereisung kann einerseits durch Solevereisung, ein kostengünstiges Bodengefrieren mit Sole, erfolgen, wobei wässrige Salzlösungen wie Calciumchlorid, Natriumchlorid oder Magnesiumchlorid bei einer Temperatur von etwa -50 °C in den Gefrierrohren im Boden dem Bodenkörper die Wärme entziehen. Im offenen Verfahren der Stickstoffvereisung wird andererseits – allerdings kostenintensiver – flüssiger Stickstoff mit einer Temperatur von -196 °C in Gefrierlanzen geleitet, darin verdampft und damit dem umgebenden Boden seine Wärme entzogen. Erfolgreiche Anwendungen waren die großflächige Baugrundvereisung beim U-Bahn-Bau unterm Wiener Donaukanal, die Vereisung beim Münchener U-Bahnbau, beim Bau des City Tunnels in Leipzig und bei der Bergungsbaugrube des eingestürzten historischen Archivs der Stadt Köln [III.2].

## IV. „Explosion des entsetzlichen Bären“, explosive und kontrollierte Energiefreisetzung

Aus dem zweiten Kapitel (Jagdgeschichten) [6, S. 27-29] :

*Was sagen Sie zum Exempel von folgendem Kasus? – Mir waren einmal Tageslicht und Pulver in einem polnischen Walde ausgegangen. Als ich nach Hause ging, fuhr mir ein entsetzlicher Bär mit offenem Rachen, bereit mich zu verschlingen, auf den Leib. Umsonst durchsuchte ich alle meine Taschen nach Pulver und Blei. Nichts fand ich als zwei Flintensteine, die man auf einen Notfall wohl mitzunehmen pflegt. Davon warf ich einen aus aller Macht in den offenen Rachen des Ungeheuers, ganz seinen Schlund hinab. Wie ihm das nun nicht allzuwohl deuchten mochte, so machte mein Bär linksrum, so dass ich den andern nach der Hinterpforte schleudern konnte. Wunderbar und herrlich ging alles vonstatten. Der Stein fuhr nicht nur hinein, sondern auch mit dem andern Steine dergestalt zusammen, dass es Feuer gab und den Bär mit einem gewaltigen Knalle auseinandersprengte. Man sagt, dass so ein wohlapplizierter Stein a posteriori, besonders wenn er mit einem a priori recht zusammenfuhr, schon manchen bärbeißigen Gelehrten und Philosophen in die Luft sprengte. – Ob ich nun gleich dasmal mit heiler Haut davonkam, so möchte ich das Stückchen doch eben nicht noch einmal machen oder mit einem Bär ohne andre Verteidigungsmittel anbinden* [6, S.27-29].

Ein so erfahrener Jäger wie Hieronymus von Münchhausen kannte sich mit Munition und Schießpulver sehr gut aus. Dass er aber – ohne Munition in lebensbedrohlicher Situation durch den „entsetzlichen Bären“ – eine Energiefreisetzung und Zündung bisher unbekannter und äußerst wirkungsvoller Art durch Umwandlung von Materie (in Form der Flintsteine) in einen „gewaltigen Knall“ visionär ersann, ist dem Einsatz neuer Formen der Energiewandlung mit sehr effektiver Sprengkraft um fast zwei Jahrhunderte voraus. Flintsteine allerdings, auch „Feuersteine“ genannt, sind Silizite wie Opal $SiO_2 \bullet n\ H_2O$ und können selbst bei heftigstem Aneinanderschlagen zwar Funken zur Entfachung eines Feuers, aber keine nennenswerte Energie freisetzen.

Die beeindruckende Entwicklung der Menschheit über viele Jahrtausende seit der letzten großen Eiszeit ist dagegen ganz eng mit der Entfachung, Beherrschung und Nutzung des Feuers verknüpft. Dies ist im Wesentlichen der chemischen Reaktion des Kohlenstoffs C im brennenden Holz mit dem Sauerstoff O der Luft zu Kohlendioxid $CO_2$ zu verdanken, mit der ein kg Brennholz die hohe Energiedichte von etwa 14,65 MegaJoule (MJ) freisetzt. Als gesetzliche Maßeinheit für den Energiegehalt verschiedener Primärenergieträger ist in Mitteleuropa die Steinkohleeinheit (SKE) mit 1 kg SKE = 7000 Kilokalorien (kcal) = 29,3076 MegaJoule (MJ) = 8,141 KiloWattStunden (kWh) = 0,7 kg ÖE (Öleinheit) gebräuchlich [IV.1]. Holz hat aber nur eine geringe „Sprengkraft“, da seine Energiefreisetzung pro Zeit sehr klein ist. Effektivere Formen der Energiefreisetzung – vor allem in explosiver Form, wie sie Hieronymus von Münchhausen „ersann“, – wurden auch bei der Suche nach Waffen entwickelt. Obwohl „das Schießpulver nicht bei der Suche nach besseren Waffen beziehungsweise Sprengstoff erfunden wurde, sondern von chinesischen Alchemisten bei der Suche nach einem Unsterblichkeitselixier entdeckt“ ([IV.2]) wurde, gilt der deutsche Mönch Berthold Schwarz seit 1313 als Entdecker der Schießpulvermischung (daher Schwarzpulver genannt) aus Salpeter (Kaliumnitrat), Schwefel und Holzkohle [IV.2]. Heute wird nur noch das rauchschwache Schießpulver verwendet, das aus Schießbaumwolle durch Nitrieren von Zellulose zu Nitrozellulose hergestellt wird. 1867 erfand der Schwede Alfred Nobel den Sprengstoff Dynamit aus 75 % Nitroglycerin und 25 % gebrannter Kieselgur, was später durch Gelatine-Dynamit (z.B. aus 93 % Nitroglycerin (Propantrioltrinitrat) und 7 % Nitrozellulose) ersetzt wurde. Obwohl seine spezifische Energie mit 4,184 MJ/kg nur gut ein Viertel derjenigen von Brennholz beträgt, besitzt Trinitrotoluol (TNT) oder 2-Methyl-1,3,5-trinitrobenzen dank seiner chemischen Instabilität eine so hohe Sprengkraft, dass es weltweit als Maßstab für die Explosionsstärke von Sprengkörpern verwendet wird (1 Kilotonne TNT = $4{,}184 \cdot 10^{12}$ J). Trinitrotoluol (TNT) ist einer der bekanntesten chemisch homogenen, also nur aus einer Komponente bestehenden Explosivstoffe.

Während diese auf chemischen Reaktionen basierenden Energieträger die spezifische Energiedichte von einem Kilogramm SKE/kg nicht wesentlich übersteigen, trieben die im 20. Jahrhundert gefundenen nuklearen Energiewandlungssysteme die spezifische Energiedichte um mehrere Größenordnungen dramatisch in die Höhe: mit der Kernspaltung von Uran-235 setzt man 2,7 Mega-kgSKE/kg frei [IV.3], und bei der Kernfusion mit den Wasserstoffisotopen Deuterium D und Tritium T kommt man sogar auf 11,5 Mega-kgSKE/kg, während es die Sonne mit der Kernfusion von vier Protonen zu einem Helium-4-Kern und zwei Positronen und zwei Neutrinos in ihrem Inneren sogar auf 21,8 Mega-kgSKE/kg = 21 800 Tonnen SKE/kg bringt.

Nachdem am 2. Dezember 1942 die friedliche Nutzung der Kernspaltung unter der Leitung von Enrico Fermi im ersten Reaktor in Chicago gelungen war, explodierte am 16. Juli 1945 um 5:30 Uhr die erste amerikanische Atombombe. Sie war unter der militärischen Leitung von General Leslie R. Groves im Rahmen des Manhattan-Projekts von dem Physikprofessor J. Robert Oppenheimer und seiner großen Mannschaft der damals besten Wissenschaftler und Techniker, zu denen mehr als 100 000 Menschen zählten, in etwa drei Jahren in Los Alamos mit erheblichem Aufwand entwickelt worden [IV.4]. Die Bombe wurde auf dem Trinity-Gelände bei Alamogordo in New Mexico gezündet und explodierte mit beeindruckender Gewalt, die Hieronymus von Münchhausen sicher auch „mit einem gewaltigen Knalle" bezeichnet hätte. Die Bilder zeigen die erste Test-Explosion 16 Millisekunden nach der Zündung (oben) in Alamogordo und den Atompilz nach dem späteren furchtbaren militärischen Einsatz einer Bombe, die größtenteils aus Plutonium-239 bestand und „Fat Man" genannt wurde, am 9. August 1945 über Nagasaki (unten). Diesem war der Abwurf der von den Amerikanern „Little Boy" genannten, mit 64 Kilogramm Uran-235 versehenen Bombe am 6. August 1945 auf Hiroshima vorausgegangen [IV.4-7].

Ähnlich wie Hieronymus von Münchhausen diese Sprengwirkung schon zwei Jahrhunderte vorher vorahnend beschrieb mit dem „Hineinfahren des einen Steines und dem Zusammenstoss mit dem andern Steine dergestalt, dass es Feuer gab und den Bär mit einem gewaltigen Knalle auseinandersprengte", wurde die gewaltige Zündung der Uranbombe dadurch erreicht, dass ein unterkritisches Uran-235-Geschoss (entsprechend Münchhausens einem Flintstein **a posteriori**) mit chemischem Explosivstoff in ein ebenfalls unterkritisches Uran-235-Ziel (dem zweiten Flintstein **a priori** entsprechend) katapultiert, also „mit aller Macht" geschossen wurde, wie es die Skizze im Größenvergleich mit dem

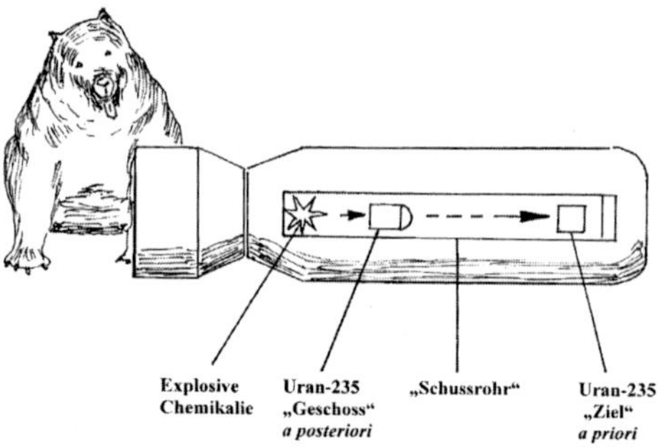


„entsetzlichen Bären" zeigt [IV.4-5]. Nach der extrem schnellen Vereinigung beider Teile kommt unmittelbar die nukleare Kettenreaktion in Gang, und das gespaltene Uran verpufft zu 20 Millionen Grad heißem Plasma [IV.5]. Wenn das Spaltmaterial dagegen nicht schnell und gleichmäßig genug zusammengedrückt wird, läuft die Kettenreaktion nur in einem Teil des nuklearen Brennstoffs ab, und es gibt eine weniger heftige Explosion als geplant, wie man es bei dem ersten Atombombentest in Nordkorea 2006 vermutet [IV.5].

Schon während der Vorbereitungen der Atombombe in Los Alamos hatten Edward Teller und sein Team an der Entwicklung der „Super", der Wasserstoffbombe, gearbeitet. Man hatte erkannt, dass die bei den Kernspaltungsreaktionen in der Atombombe freiwerdende Energie zur Zündung, also zum Erreichen der zur Kernfusion von leichten Kernen erforderlichen hohen Temperatur mit erheblich höherer Energiefreisetzung führt. Dabei handelt es sich um die Fusionsreaktionen zwischen den Isotopen des Wasserstoffs, Deuterium D und Tritium T, die zu Neutron und Heliumkern (Alphateilchen) verschmelzen, oder die Brutreaktionen von Lithium-6 mit Neutronen zu Helium-4 und Tritium oder von Lithium-6 mit Deuterium [IV.8]. Die spezifische Energie der Fusion ist dabei etwa um einen Faktor 5 höher als bei der Kernspaltung. Auch hier kommt es wieder entscheidend auf den geeigneten Zusammenstoß in der von Hieronymus von Münchhausen beschriebenen Weise an: Die Wasserstoffbombe besteht aus zwei kugelförmigen in den Brennpunkten eines Rotationsellipsoids angeordneten Atombomben, wie es die Skizze im Vergleich mit der Größe des „russischen Bären" zeigt. Zuerst wird die Primärbombe mit hochexplosiver Chemikalie gezündet, in deren Inneren ein Deuterium-Tritium-Gemisch durch Kernfusion sich so stark erhitzt und damit so viel Energie freisetzt („**a posteriori**"), dass die Sekundärbombe im anderen Brennpunkt („**a priori**") explodiert [IV.5]. Das Zerstörungs-

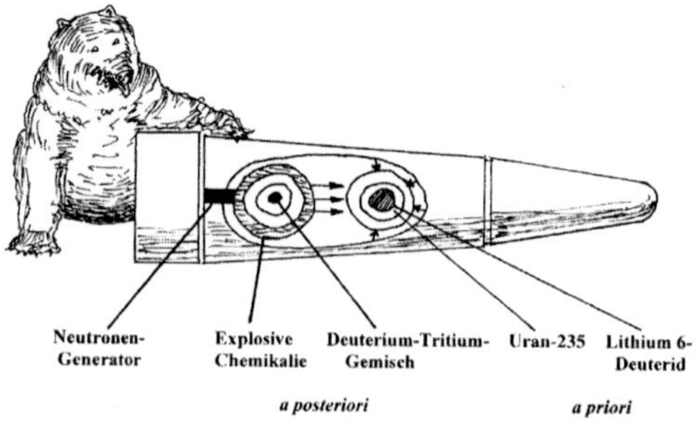

äquivalent der Wasserstoffbombe erreicht das von einigen Megatonnen TNT. Die erste Wasserstoffbombe „Castle Bravo“ wurde am 1. März 1954 auf dem Bikini-Atoll gezündet [IV.5]. Diese Explosion war mit 15 Megatonnen TNT-Äquivalent deutlich stärker als vorhergesagt: Sie sprengte einen zwei Kilometer weiten und 250 Meter tiefen Krater ins Atoll. Im Jahr 1961 wurde von der UdSSR die größte jemals getestete Wasserstoffbombe mit etwa 50 Megatonnen TNT-Äquivalent über dem Polarmeer gezündet (Zar-Bombe) [IV.1]. Sie war 3300 mal so stark wie der Hiroshima-Sprengsatz [IV.5].

Die neuen (nuklearen) Systeme mit ihren sehr hohen spezifischen Energiedichten wurden aber nicht nur für Sprengstoffe und Munition im militärischen Einsatz entwickelt, sie können auch – wie es der Januskopf in seiner „guten Seite“ symbolisiert – ganz wesentlich für die Lösung des weltweit drängenden Problems der umweltverträglichen und nachhaltigen Energieversorgung der Menschheit beitragen.

Bereits kurz nach der Entdeckung und der Veröffentlichung der Uranspaltung und ihrer Kettenreaktion am 6. Januar 1939 durch Otto Hahn und Fritz Strassmann [IV.9] konnte in Chicago eine Forschergruppe unter der Leitung von Enrico Fermi am 2. Dezember 1942 den ersten Reaktor, einen Druckwasserreaktor, in Betrieb nehmen [IV.8]. Daraus entwickelte sich die umweltfreundliche Grundlastquelle Kernenergie mit ihrer hohen spezifischen Energiedichte, die allerdings auch extrem hohe Sicherheitsanforderungen stellt. Als ein Beispiel wird auch in Sichtweite von Bodenwerder, der Heimat des Freiherrn Hieronymus von Münchhausen, das Kernkraftwerk Grohnde mit einer elektrischen Leistung von 1,43 GW betrieben.

Die nukleare Fusion von Wasserstoffkernen mit ihrer gegenüber dem Spaltungsprozess noch erheblich höheren spezifischen Energiedichte wurde schon ein Jahrzehnt vorher – nämlich 1929 – als Energiequelle der Sterne von Atkinson und Houtermans [IV.10] vorgeschlagen und 1937 bis 1939 von Hans Bethe und Carl-Friedrich von Weizsäcker (Bethe-Weizsäcker-Zyklus) [IV.11-12] detailliert ausgearbeitet. Sie ist die wesentliche Quelle der Energiefreisetzung und des Elementaufbaus im heißen Inneren der Sonne und nahezu aller Sterne. Im etwa 17 Millionen Grad heissen Sonnenkern verschmelzen (fusionieren) vier Wasserstoffkerne (Protonen) zu einem Helium-4-Kern, zwei Positronen und zwei Neutrinos, wobei 26,72 MeV freigesetzt werden. In der Sonne werden dabei pro Sekunde etwa 600 Millionen Tonnen Wasserstoff zu etwa 596 Millionen Tonnen Helium verschmolzen. Mit der Massendifferenz von 4 Tonnen ist nach Albert Einsteins Äquivalenz von Masse und Energie $E = mc^2$ eine Leistungsabgabe von etwa $3{,}6 \cdot 10^{26}$ Ws (das sind etwa 11,4 Milliarden GWa (Gigawattjahre)) verknüpft, von der am Ort unserer Erde (in etwa 149,6 Millionen km Entfernung) noch eine Leistungsdichte von 1,37 $kW/m^2$, die Solarkonstante genannt wird, ankommt und unser Leben entscheidend bestimmt.

Die Sonne und die Sterne verbleiben in diesem Stadium der nuklearen Energiewandlung über viele Jahrmilliarden. Sterne mit mehr als dem 1,4-Fachen der Sonnenmasse können aber am Ende ihrer Lebenszeit und vor ihrem nahezu verbrauchten nuklearen Brennstoffvorrat in eine gewaltige Supernova-Explosion laufen. Die dabei freigesetzte Energie kann typisch $10^{44}$ Joule (mehr als $10^{25}$ Gigatonnen TNT) betragen. Das mit dem Weltraumteleskop Hubble der NASA im sichtbaren Licht aufgenommene Bild (NAS5-26555) zeigt den Nebel M1, beeindruckender Überrest eines Sterns, der im Jahre 1054 als Supernova SN 1054 am südlichen Horn im Sternbild Stier erstmals beobachtet wurde, der 6523 Lichtjahre von der Erde entfernt ist und den der irische Astronom William Parsons (Lord Rosse) 1844 Krebsnebel taufte [IV.13]. Das mit dem Teleskop Chandra im Röntgenbereich aufgenommene Bild desselben Nebels zeigt im Zentrum der Ringstruktur einen Neutronenstern, der sich als Pulsar mit einer Periode von 33 Millisekunden bemerkbar macht.

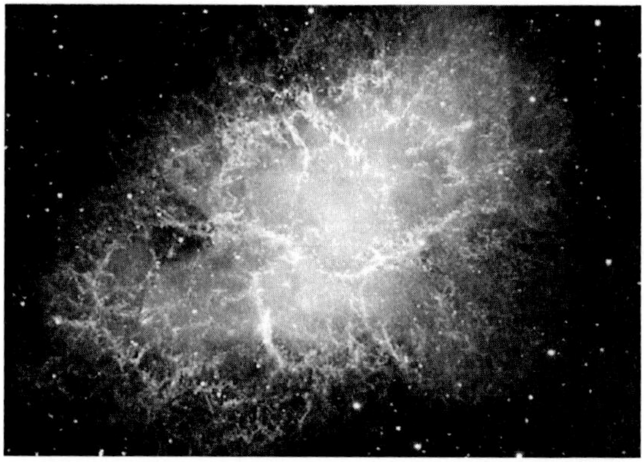

Hieronymus Carl Friedrich Freiherr von Münchhausen wäre sicher von dieser gewaltigen Supernova-Explosion tief beeindruckt gewesen, wenn er sie hätte beobachten können.

In großer internationaler Zusammenarbeit versucht man, die attraktive thermonukleare Fusion durch Verschmelzung der Wasserstoffisotope Deuterium und Tritium kontrolliert zur langfristigen, umweltfreundlichen und sicheren Energiequelle durch magnetischen Einschluss heißer Plasmen oder durch Trägheits-Einschluss zu entwickeln [IV.14-17].

Grundsätzlich findet die Energiewandlung ihre natürliche Obergrenze bei der Annihilation von Materie und Antimaterie mit der spezifischen Energiedichte von $(1\ \text{kg} \cdot c^2\ /\text{kg}) = 3{,}0666 \bullet 10^9$ kgSKE/kg $= 8{,}9875 \bullet 10^{10}$ MJ/kg $= 2{,}4965 \bullet 10^{10}$ kWh/kg, wobei $c = 2{,}9979 \cdot 10^8$ m/s die Lichtgeschwindigkeit ist.

# V. „Kutschendurchsprung" und Kollisions-Wirkungsquerschnitte

Aus dem vierten Kapitel (Abenteuer des Freiherrn von Münchhausen im Kriege gegen die Türken) [6, S. 52/53]:

*So leicht und fertig ich im Springen war, so war es auch mein Pferd. Weder Graben noch Zäune hielten es jemals ab, überall den geradesten Weg zu reiten. Einst setzte ich darauf hinter einem Hasen her, der querfeldein über die Heerstraße lief. Eine Kutsche mit zwei schönen Damen fuhr diesen Weg gerade zwischen mir und dem Hasen vorbei. Mein Gaul* ***setzte so schnell und ohne Anstoß*** *mitten durch die Kutsche hindurch, wovon die Fenster aufgezogen waren, dass ich kaum Zeit hatte, meinen Hut abzuziehen und die Damen wegen dieser Freiheit untertänigst um Verzeihung zu bitten* [6, S. 52/53].

Wenn man sich bei der heute stark gestiegenen Verkehrsdichte die senkrechte Durchquerung zweier ihren Weg mit hoher Geschwindigkeit kreuzender Fahrzeuge vorstellt – selbst bei herabgelassenen Fenstern –, kommt man im Allgemeinen zur Vorstellung ganz erheblicher Kollisionsschäden.

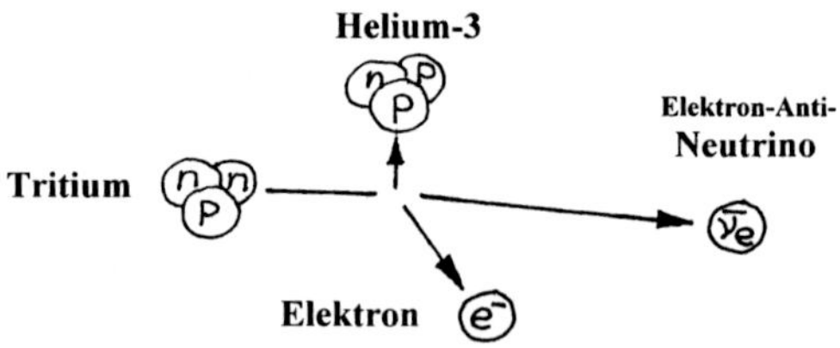


Auch im atomaren Bereich kommt es bei Zusammenstößen schneller Teilchen zu sehr hohen Kollisionsschäden, bei denen viele Bruchstücke mit hoher Energie auseinanderfliegen. Diese Wechselwirkungen werden durch einen Stoßwirkungsquerschnitt (Collisional cross section) beschrieben, der ein Maß für die Wahrscheinlichkeit einer Wechselwirkung (anschaulich: die scheinbare Trefferfläche) zwischen zwei aufeinandertreffenden Teilchen ist [V.1]. Dabei gibt es Prozesse mit sehr unterschiedlich hohen Stoß-Wirkungsquerschnitten.

Ein Elementarteilchen mit einem extrem geringen Wechselwirkungsquerschnitt mit anderen Teilchen stellt das 1930 von Wolfgang Pauli postulierte und erst 1956 experimentell nachgewiesene Neutrino $\nu_e$ dar. Es entsteht zum Beispiel beim Betazerfall radioaktiver Elemente, bei dem ein Neutron n in ein Proton p übergeht und ein Elektron $e^-$ aus dem Kern zusammen mit einem – in diesem Fall – Anti-Elektron-Neutrino $\overline{\nu}_e$ emittiert wird. Das Schema zeigt den Beta-Zerfall des Wasserstoff-Isotops Tritium. Das Neutrino stellt die „Akte X der Teilchenphysik" dar [V.2], denn als elektrisch neutrales Teilchen ohne Farbladung nimmt das Neutrino nur an der schwachen Wechselwirkung teil und ist äußerst schwer nachzuweisen. Zwar weiß man, dass es Oszillationen unterliegt, die Massen konnten bis heute aber noch nicht ermittelt werden [V.2]. Obwohl wir auf der Erde ständig vom permanenten hohen Fluss von 60 Milliarden Neutrinos pro Quadratzentimeter und Sekunde – vom pp-Zyklus in der Sonne, wie das Sudbury Neutrino Observatory (SNO) in Kanada [V.3] und das Borexino-Experiment im italienischen Gran-Sasso-Untergrundlabor [V.4] nachgewiesen haben – getroffen werden, nehmen wir sie nicht wahr, und die Neutrinos durchfliegen nahezu ungehindert die Sonne, unsere Erde und das halbe Weltall. Da es in unserem Universum mit 300 Neutrinos pro $cm^3$ etwa eine Milliarde mal mehr Neutrinos als Baryonen gibt, wäre selbst eine kleine Neutrino-Masse entscheidend für unser Universum [V.5]. Der Nobelpreis für Physik des Jahres 2015 wurde den beiden Physikern, dem Japaner Takaaki Kajita und dem Kanadier Arthur B. McDonald, für den Beweis verliehen, dass Myon-Neutrinos Oszillationen zu Tau- oder Elektron-Neutrinos durchlaufen und damit die Masse der Neutrinos, der „wandelbaren Geisterteilchen", nicht verschwindend klein ist [V.6-7].

Eine ganz ähnliche hochaktuelle wissenschaftliche Fragestellung betrifft die Suche nach den Teilchen der Dunklen Materie, die zur Klärung einiger kosmologischer und astrophysikalischer Beobachtungen wie der zusätzlichen Schwerkraft bei den Rotationskurven der Galaxien, bei den Gravitationslinsenbildern von Galaxienhaufen und bei der Strukturentwicklung in unserem expandierenden Universum postuliert wurden [V.8]. Nach diesen Teilchen, die sich wie sehr schwere Neutrinos verhalten und uns trotz hohen Flusses nahezu ohne Wechselwirkung durchqueren und deshalb naheliegend Weakly Interacting Massive Particles (WIMPs) genannt werden, wird mit dem Experiment XENONIT auch im Gran-Sasso-Untergrundlabor gesucht [V.4,V.8].

Weit vorausschauend hat uns Hieronymus von Münchhausen mit dem Kutschendurchsprung ein Beispiel für einen Prozess der Kollision mit extrem kleinem Stoßwirkungsquerschnitt gegeben und uns damit bewusst gemacht, dass es eine Durchdringung eines Teilchens mit verschwindend kleiner Wechselwirkung geben kann und wir dieses Projektil – wie der Kutscher und die Damen in der Kutsche das „ohne Anstoß“ durchspringende Pferd – weder wahrnehmen noch seine Eigenschaften leicht bestimmen können.

Hieronymus von Münchhausen hat diese Vorahnung von Prozessen mit verschwindend kleinem Wirkungsquerschnitt, wie sie in der aktuellen Physik derzeit bei den Neutrinos, bei dem Higgs-Boson und den WIMPs der Dunklen Materie intensiv bearbeitet werden [V.9], auch mit dem Beispiel des wilden jungen Pferdes auf dem Landsitz des Grafen Przobofsky in Litauen zum Ausdruck gebracht [4, S, 42-44]. Dies setzte mit ihm durch ein offenes Fenster in das Teezimmer hinein und zelebrierte die hohe Reitschule auf dem von den Damen umkränzten Teetisch *„so bewundernswürdig geschickt, dass es weder Kannen noch Tassen zerbrach“* [6, S. 44].

# VI. „Am-eigenen-Haarzopf-aus-dem-Sumpf-Ziehen“ und Selbsthilfe (Bootstrapping)

Aus dem vierten Kapitel (Abenteuer des Freiherrn von Münchhausen im Kriege gegen die Türken) [6, S. 53/54]:

*Ein andres Mal wollte ich über einen Morast setzen, der mir anfänglich nicht so breit vorkam, als ich ihn fand, da ich mitten im Sprunge war.* ***Schwebend in der Luft*** *wendete ich daher wieder um, wo ich hergekommen war, um einen größern Anlauf zu nehmen. Gleichwohl sprang ich auch zum zweiten Male noch zu kurz und fiel nicht weit vom andern Ufer bis an den Hals in den Morast. Hier hätte ich unfehlbar umkommen müssen, wenn nicht die Stärke meines eigenen Armes mich* ***an meinem eigenen Haarzopfe, samt dem Pferde, welches ich fest zwischen meine Knie schloß, wieder herausgezogen*** *hätte* [6, S. 53/54].

Diese Münchhausiade, in der sich der Freiherr von Münchhausen am eigenen Schopf aus dem Sumpf gezogen haben will, ist ein Adynaton, eine unmögliche Geschichte. Sie ist allerdings im Laufe der Zeit in vielen Bereichen des Lebens zu einem festen Begriff geworden, obwohl zu Münchhausens Zeiten der Impulserhaltungssatz oder das Dritte Axiom nach Sir Isaac Newton (1643-1727), auch in der Formulierung der Gleichung Kraft gleich Masse mal Beschleunigung von Leonard Euler (1750), bekannt war und somit ohne eine nach oben gerichtete zusätzliche Kraft weder ein „Schweben in der Luft“ und dabei ein „Wenden“ noch das „Herausziehen am eigenen Haarschopf“ hätten möglich sein können. Allerdings hat Julius Robert Mayer (1814-1878) erst 1842 als Erster den Grundsatz der Energieerhaltung aufgestellt, an dem man diese Unmöglichkeit auch hätte leicht erkennen können [VI.1]. Er besagt, dass in geschlossenen Systemen Energie weder entstehen noch verschwinden kann, sie wechselt nur ihren Zustand.

Die tradierte „Münchhausen-Methode“ bedeutet aber, dass man sich auch ohne eine im Grunde erforderliche Kraft oder Hilfe von außen durch eigene Kraft aus seiner Notlage befreit.

So findet man als „Ein Sinnbild für Selbsthilfe“ diese von A. J. Orlow in Moskau geschaffene Bronze-Skulptur in Bodenwerder zwischen dem Münchhausen-Museum und dem Rathaus, dem früheren Gutshaus und Geburtshaus des Hieronymus Freiherrn von Münchhausen. Es wurde als ein Geschenk der Stiftung „Dialog der Kulturen gemeinsame Welt“ in Moskau in Zusammenarbeit mit den Münchhausenmuseen in Moskau und Bodenwerder am 11. Mai 2008 übergeben.

Im frühen 19. Jahrhundert wurde diese Methode als „**Bootstrapping**“ bezeichnet, als in den Vereinigten Staaten die Redewendung „Ziehe Dich mit Deinen Stiefelschlaufen (engl. „bootstraps“) über den Cumberland-Fluss oder über einen Gartenzaun hinweg“ für eine absolut unmögliche Handlung, ein Adynaton (von griechisch adynatos = unmöglich), aufkam. Die Metapher „Bootstrap“ für „Münchhausen-Methode“ brachte aber eine Reihe von sich selbst erhaltenden Prozessen hervor, die ohne externe Hilfe vorankommen:

Im Bergsport wird eine Rettungstechnik, mit der man sich dank verschiedener Seiltechniken aus einer Gletscherspalte befreien und retten kann, „**Bootstrapping**“ genannt.

In der Elektrotechnik und Informatik tragen Prozesse spezifischer elektrischer Schaltungen für Verstärker und solche, die aus einem einfachen System ein komplexeres aktivieren, auch diesen Namen. Auch in der Signalverarbeitung ist das Bootstrapping ein wichtiges Werkzeug, das langwierige oder oft unmögliche theoretische Ableitungen durch Computer-Rechnungen ersetzt [VI.2].

Mindestens seit 1953 begann der Fachausdruck „**Bootstrap**“ (als Münchhausen-Methode – leider ohne diesen Namen einzuführen) auch in der Entwicklung von Computern Fuß zu fassen: Ein einfaches fest verdrahtetes Programm liest ein Bootstrap-Programm ein, das es in die Lage versetzt, mehr Programminstruktionen zu lesen, so dass ein selbsttragender Prozess entsteht, der ohne externe Hilfe – wie durch manuell eingegebene Instruktionen – fortschreitet [VI.3]. Auf diese Weise „zieht sich der Computer an seinen Stiefelschlaufen (Bootstraps)“ oder wie Hieronymus Freiherr von Münchhausen „am eigenen Haarschopf“ hinauf, er verbessert sich durch seine eigenen Anstrengungen. Der Start eines Computers wird deshalb auch „Booten“ genannt. Bootstrapping trägt auch wesentlich zur Entwicklung von Software mit fortschreitend komplexerer und schnellerer Programm-Umgebung bis zu Programmsprachen auf extrem hohem Niveau bei.

Im Geschäftsleben bedeutet **Bootstrapping** den Start eines Unternehmens ohne externe Hilfe oder Kapital. Ein Startup-Unternehmen, das mit einer innovativen Geschäftsidee und dem Ziel gegründet ist, schnell zu wachsen, profitiert durch Re-Investition seines Profits in sein eigenes Wachstum, wenn die Bootstrapping-Kosten niedrig und das Verhältnis der Gewinne zur Investition hoch sind [VI.4].

In der Sprachwissenschaft oder der Linguistik wird ein Konzept zum Sprechenlernen von Kindern, die Syntaktik, auch Bootstrapping genannt.

Auch in der Medizin wurden nach Hieronymus von Münchhausen zwei seltene Krankheiten benannt, bei denen es sich um schwere psychische Störungen handelt. Für diese selbstmanipulierten Krankheiten lag wegen ihrer Nähe zur Metapher Bootstrap bzw. „Münchhausen-Methode“ die Bezeichnung **Münchhausen-Syndrom** und **Münchhausen-Stellvertretersyndrom** nahe [VI.5]. Dabei handelt es sich um ähnliche Störungen wie Konversionssyndrome (Verlust des Identitätsbewußtseins, Gedächtnisstörungen), Somatisierung (körperliches Unwohlsein und Symptome, die nicht auf krankhafte organische Befunde zurückzuführen sind) oder Hypochondrie (ausgeprägte Ängste als psychische Störung) [VI.6]. Beim extrem seltenen Münchhausen-Stellvertretersyndrom erfinden zum Beispiel Eltern Symptome wie Fieber und Schmerzen bei ihrem Kind, machen es auch vorsätzlich – etwa durch Medikamente – krank, um selbst Aufmerksamkeit zu bekommen [VI.6].

Selbst in der Mathematik findet man die „Münchhausen-Methode“: Wenn in einer natürlichen Zahl die Summe aller ihrer einzelnen, mit sich selbst potenzierten Ziffern, die also durch Hochziehen der Ziffern an sich selbst – wie es uns das „Am-eigenen-Haarzopf-aus-dem-Sumpf-Ziehen“ des Freiherrn von Münchhausen suggeriert – entstanden sind, wieder diese Zahl ergibt, wird diese natürliche Zahl **Münchhausen-Zahl** genannt. Mit der üblichen Definition $0^0 = 1$ erfüllen nur die natürlichen Zahlen 1 und 3435 die Eigenschaft einer Münchhausen-Zahl, wie man mit $1 = 1^1 = 1$ und mit $3435 = 3^3 + 4^4 + 3^3 + 5^5 = 27 + 256 + 27 + 3125 = 3435$ leicht bestätigt. Wenn jedoch $0^0 = 0$ definiert wird, gibt es zusätzlich noch die 0 und die natürliche Zahl 438 579 088, also vier Münchhausen-Zahlen [VI.7-9].

In der Philosophie müssen alle Versuche für eine Letztbegründung, also die Antwort auf die Frage, ob es möglich ist, einen „letzten Grund“ (eine letzte Ursache bzw. einen unhintergehbaren ersten Anfang) zu finden bzw. wissenschaftlich zu beweisen, scheitern bzw. ins **Münchhausen-Trilemma** führen [VI.10]. Viele philosophische Diskussionen kreisen um die Frage nach dem „letzten Grund“. Die Vertreter der biblischen bzw. theologischen Schulen benötigen einen letzten Grund, eine letzte Ursache, in welcher sie letztlich Gott sehen [VI.10]. Das Münchhausen-Trilemma bedeutet nach Hans Albert [VI.11], dass jeder Versuch des Beweises eines letzten Grundes zu einem von drei möglichen Ergebnissen führt:

1) zu einem Zirkelschluss (die Conclusio soll die Prämisse beweisen, benötigt diese aber, um die Conclusio zu formulieren), oder
2) zu einem Infiniten Regress (es wird immer wieder eine neue Hypothese über die Begründbarkeit eines letzten Grundes formuliert, die sich jedoch

wiederum als unzureichend erweist oder wieder in einen Zirkel führt), oder

3) zum Abbruch des Verfahrens.

Wenn man bei Aussagen das Begründungsverfahren abbrechen möchte, spricht man von Selbstevidenz, Selbstbegründung, Fundierung in unmittelbarer Erkenntnis – in Intuition, Erlebnis oder Erfahrung [VI.10].

Auch Friedrich Nietzsche (1844-1900) verwendet in *Jenseits von Gut und Böse* das Bild des Barons von Münchhausen und bezeichnet es als „eine Art logischer Nothzucht und Unnatur", wenn jemand versucht, „mit einer mehr als Münchhausenschen Verwegenheit, sich selbst aus dem Sumpf des Nichts an den Haaren ins Dasein zu ziehen" [VI.12].

Viele Begebenheiten unseres ganz alltäglichen Lebens können auch den Charakter der „Münchhausen-Methode" (des Bootstrapping) in sich tragen: Wenn zum Beispiel bei hoher PKW-Dichte in einer mehrstöckigen Tiefgarage einer Großstadt beim Herausfahren eines PKW die Auslassschranke wegen Überschreitens der Parkzeit nicht öffnet, bildet sich schnell eine Warteschlange von Autos dahinter, für die nach und nach die Parkzeit – ohne Absicht des Fahrers – auch überschritten wird, so dass das Festhalten der PKWs vor der Auslassschranke durch Parkzeitüberschreitung wie in der „Münchhausen-Methode" selbsterzeugt wird.

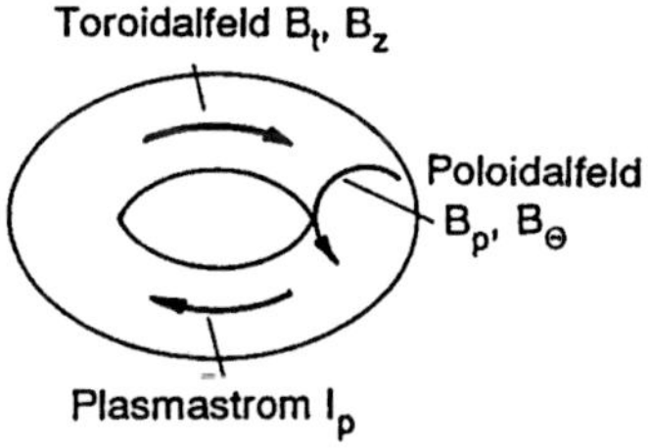


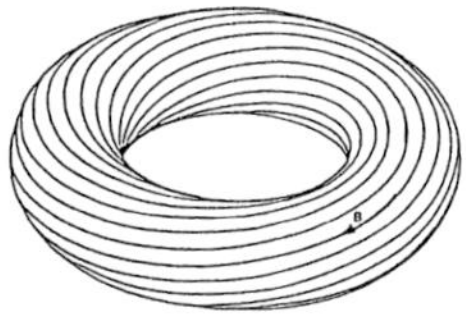

Ganz besondere Bedeutung hat die „Münchhausen-Methode" oder das „Bootstrapping" allerdings in der modernen **Forschung der thermonuklearen Fusion** zur Entwicklung des Fusionsreaktors mit magnetischem Plasmaeinschluß erlangt. Diese Forschung hat zum Ziel, unsere Energieversorgung umweltschonend langfristig zu sichern. Die derzeit weltweit vor allem eingesetzten Experimentier-Anlagen sind (neben dem Stellarator-Prinzip) vom Typ Tokamak, in dem das extrem heiße Plasma aus Elektronen und den Wasserstoffisotopen Deuterium und Tritium – zur Auslösung der Fusionsreaktionen – toroidal (reifenförmig) magnetisch eingeschlossen wird. Das notwendige Magnetfeld besteht aus dem toroidalen Hauptfeld (Toroidalfeld) $B_t$, dem das durch Ströme $I_p$ im

Plasma erzeugte poloidale Magnetfeld (Poloidalfeld) $B_p$ überlagert ist, so dass die Magnetfeldlinien den Torus helikal, im allgemeinen unendlich oft umlaufen [VI.13].

Das toroidale Magnetfeld wird durch Ströme in äußeren Spulen erzeugt. Das dem Betrage nach kleinere poloidale Magnetfeld wird vom toroidalen Plasmastrom $I_p$ bestimmt. Dieser wird durch ein toroidales elektrisches Feld getrieben, das durch eine Flußänderung durch den Torus – wie in einem Transformator – induziert wird. Wegen der endlichen Leitfähigkeit des Plasmas kann dieser Strom aber nicht kontinuierlich aufrecht erhalten werden, so dass die Tokamak-Konfiguration für einen permanenten Betrieb des Fusionsreaktors vordergründig als ungeeignet erscheint [VI.13-15].

In diesem toroidalen helikal geformten Magnetfeld durchlaufen die geladenen Plasmateilchen (Elektronen und Ionen) als umlaufende (nicht gefangene) oder als gefangene Teilchen – wenn sie an internen Magnetfeldspiegeln reflektiert werden – verschiedene Bahnen. Wegen ihrer Form werden letztere auch „Bananenbahnen“ genannt. Da in radialer Richtung ein Dichtegradient im Plasma – mit radialer Teilchendrift – existiert, führt die Reibungskraft, also die Coulombstöße der nicht gefangenen Elektronen mit den gefangenen zu einem dem Druckgradienten dp/dr proportionalen toroidalen Strom [VI.13-16]. Die zugrundeliegende Vorstellung, dass dieser Strom auch ohne Anlegen eines toroidalen elektrischen Feldes allein durch die ständige Diffusion von Plasma senkrecht zum Toroidalfeld das Poloidalfeld eines Tokamaks aufrechterhalten könnte, hat ihm den Namen **Bootstrap-Strom** gegeben, mit dem sich das Plasma (wie man sich selbst an seinen Stiefelschlaufen – bootstraps – oder wie Hieronymus von Münchhausen sich an seinem Haarzopf aus dem Sumpf zieht) seinen Einschluß selbst aufrecht erhält [VI.13]. Beim großen Europäischen Fusionsexperiment JET ist es bereits gelungen, einen Bootstrap-Strom von 50 % des induzierten Plasmastroms zu erreichen [VI.16].

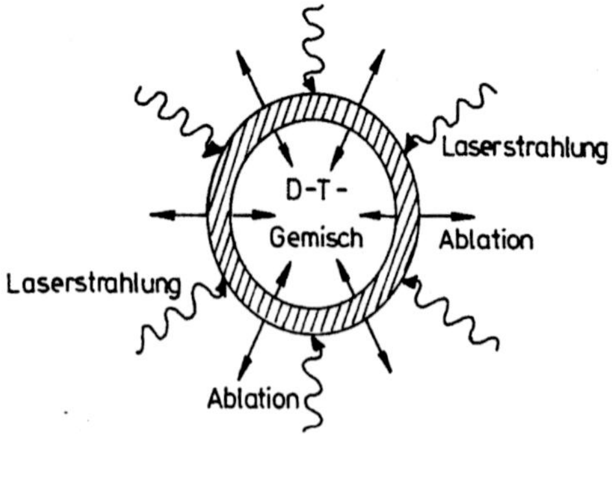


Selbst bei der Entwicklung des anderen Konzepts für einen Fusionsreaktor, bei der Laser-Fusion, auch Trägheits-Fusion oder Schwerionen-Inertialfusion [VI.13, VI.17-19] genannt, ist ein Bootstrap-Prozess wesentlich: Hierbei werden kleine Mengen eines Gemisches aus Deuterium D und Tritium T mit extrem kurz gepulsten intensiven Laser- oder Schwerionenstrahlen über einen Ablator (eine Hohlkugel) in einem Pellet auf hohe Fusionstemperaturen und sehr hohe Teilchendichten gebracht. Sie erzeugen – wenn die Implosion sphärisch symmetrisch und mit einer Geschwindigkeit von mindestens etwa 1200 km/h verläuft – im Zentrum einen „hotspot", einen kleinen Bereich gezündeten Plasmas. Die mit den Fusionsreaktionen darin entstandenen hochenergetischen Alphateilchen (Heliumkerne) und Neutronen geben ihre Energie an das weitere Deuterium-Tritium-Gemisch ab und leiten mit diesem **Bootstrapping-Prozess** selbsterhaltend das fortschreitende thermonukleare Brennen, die Zündung, ein.

Ein „Schweben in der Luft" kann heute leicht und eindrucksvoll – ohne „Münchhausen-Methode" – beobachtet oder sogar demonstriert werden, wenn hohe Magnetfelder involviert sind oder eingesetzt werden können. Mit ihrem magnetischen Druck auf elektrisch leitende Materialien wirken sie der Schwerkraft entgegen. Ein Magnetfeld mit der magnetischen Induktion B (in Tesla [T]) übt einen magnetischen Druck $p_m$ (in MegaPascal [MPa]) mit $p_m = B^2/(2\mu_0) = 0{,}398 \cdot (B[T])^2$ auf einen elektrischen Leiter aus, wobei die Größe $\mu_0 = 4\pi \cdot 10^{-7}$ Vs/(Am) die magnetische Feldkonstante ist [VI.13].

Prominente Beispiele sind die Protuberanzen und Filamente in der Sonnenkorona. Sie sind heiße elektrisch leitende Plasmen, die aus der Sonnenoberfläche herausgeschleudert wurden und von den aus den Sonnenfleckenbereichen der Sonne austretenden und mit ihnen eng verbundenen Magnetfeldern tagelang getragen werden. Die Skizze zeigt das im Magnetfeld eingeschlossene und von ihm getragene Plasma der solaren Filamente im Gleichgewicht, wie es von Rudolf Kippenhahn und Arnulf Schlüter erstmals 1957 dargestellt wurde und als Anregung für den magnetischen Einschluss thermonuklearer Plasmen diente [VI.20-21].

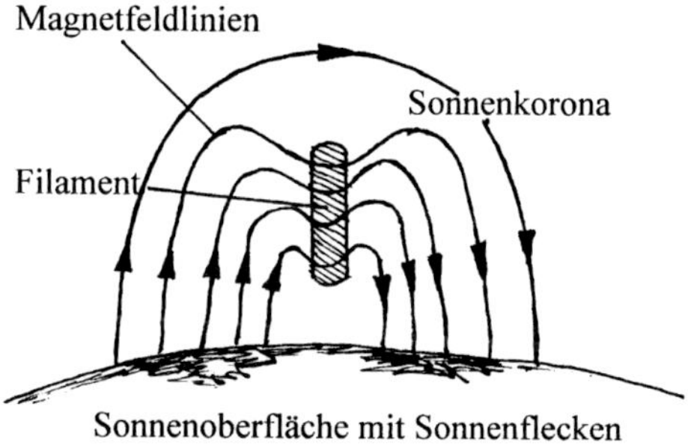


Der verwegene Gedanke des Freiherrn von Münchhausen vom „Schweben von Menschen in der Luft" durch das „Am-eigenen-Haarschopf-aus-dem-Sumpf-Ziehen" mag auch als Intuition für die Lösung des Menschheitstraums vom Transport ohne Berührung des Erdbodens, also mit „Schweben in der Luft" wie im Luftschiff oder in der Magnetschwebebahn gesehen werden. Die in der „Münchhausen-Methode" allerdings fehlende Kraft, die der Gravitation entgegenwirken muss, wird dabei einerseits durch den Auftrieb in der Luft und andererseits durch magnetische Kräfte aufgebracht.

Obwohl die Idee zum Bau eines „Luftschiffs“ durch Aufhängung eines Bootes an luftleer gepumpten Kugeln schon im Jahr 1670, also ein halbes Jahrhundert vor des Freiherrn von Münchhausens Geburt, durch den italienischen Jesuitenpater Francesco Lana Terzi vorgeschlagen, aber nie realisiert worden war, gelang die Entwicklung des Fahrzeugs mit „Schweben in der Luft“ (im weitgespannten Münchhausenschen Sinne) mit dem Luftschiff „Giffard I“ erst 1852 in Paris [VI.22]. Das Schweben wird im aerodynamisch geformten Luftschiff durch den statischen Auftrieb erreicht, den die Füllung mit einem Traggas bewirkt, dessen Dichte geringer als die Luftdichte ist. Als Traggas verwendete man zuerst Wasserstoff, der wegen seiner Entzünd- und Brennbarkeit allerdings zu tragischen Unfällen führte und deshalb heute durch das deutlich teurere, aber nicht brennbare (inerte Edelgas) Helium ersetzt ist. Je nach seiner Bauart sind an dem Luftschiff eine oder mehrere Gondeln für die Besatzung, die Passagiere, für das Frachtgut und die Aggregate angehängt. Die Vortriebskraft liefern Triebwerke, und die Steuerung wird von Leitwerken übernommen. In Deutschland wurde die Luftschifffahrt Anfang des 20. Jahrhunderts von Ferdinand Graf von Zeppelin, der auch den Werkstoff Aluminium in die Luftfahrt einführte, erfolgreich vorangetrieben. Weltweit erlebte die Luftschifffahrt ihre Blütezeit zwischen den Weltkriegen, danach dominierten die Verkehrsflugzeuge den Luftverkehr [VI.22].

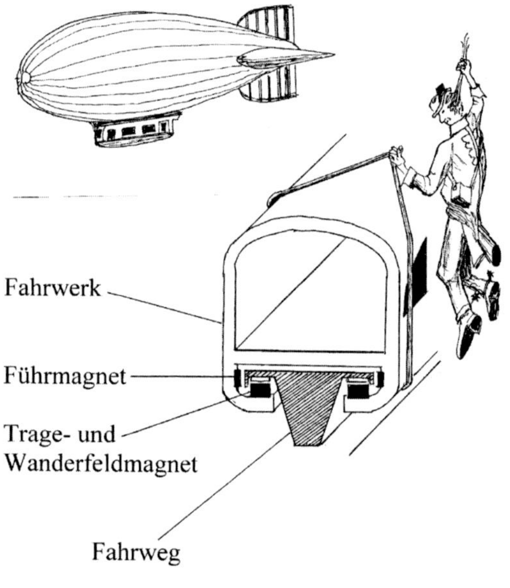


Einen großen technischen Entwicklungsfortschritt für den Transport von Menschen und Gütern ohne Berührung des Erdbodens („schwebend in der Luft“) tat man mit der Magnetschwebebahn, zu der der Elektroingenieur Hermann Kemper aus Nortrup als erster bereits 1922 vorschlug, die Räder eines Zuges durch Elektromagnete zu ersetzen, woraus sich das Konzept des Transrapid (von lat. *trans = hinüber* und *rapidus = schnell*) entwickelte [VI.23]. Diese Hochgeschwindigkeits – Bahn besticht durch die Eigenschaft, dass ihr Fahrwerk berührungsfrei – ohne Räder – bewegt werden kann, indem es von unten an den Fahrweg, den es umgreift, mit Magneten herangezogen wird. Die Geschwindigkeit des Fahrzeugs wird mit der Frequenz des Feldes geregelt. Es „schwebt in der Luft“ – wie es der Freiherr von Münchhausen beschreibt – auf einem magnetischen Wanderfeld und wird von diesem im Fahrweg vorangezogen, wozu kontinuierlich elektrische Energie zugeführt werden muss. Durch Führmagnete wird das Fahrwerk seitlich in der Spur gehalten. Das Fahrzeug (als „Läufer“) und der Fahrweg (als „Stator“) bilden einen Linearmotor. Eine Transrapidstrecke wurde 2004 in Shanghai in den Regelbetrieb genommen, während die Transrapid-Projekte in Deutschland nach langen Planungsphasen abgebrochen wurden [VI.23-24].

Hieronymus Carl Friedrich Freiherr von Münchhausen hätte sich sicher sehr gefreut und besonders gewundert, diese riesigen Massen der Fahrzeuge durch seine Methode des Ziehens am eigenen Haarzopf in den schwebenden Zustand zu bringen.

Mit der Verfügbarkeit von Supraleitern [VI.25-26] und dem Meissner-Ochsenfeld-Effekt [VI.27] kann man sehr eindrucksvoll das „Schweben in der Luft“ mit einem supraleitenden Magneten vorführen. Der Meissner-Ochsenfeld-Effekt beschreibt, dass beim Eintritt in den supraleitenden Zustand das Magnetfeld aus dem Inneren des Supraleiters verdrängt wird, denn die an dessen Oberfläche fließenden Abschirmströme kompensieren mit ihrem Magnetfeld das innere Magnetfeld des Supraleiters. In der Skizze schwebt ein supraleitender Magnet über einem mit flüssigem Stickstoff (ca. -197 $^0$C) gekühlten Hochtemperatur-Supraleiter [VI.25-26]. Hieronymus Freiherr von Münchhausen wäre sicher von diesem Versuch der modernen Tieftemperaturphysik sehr beeindruckt gewesen und hätte ihn möglicherweise als Bestätigung seiner „Münchhausen-Methode“ gewertet.

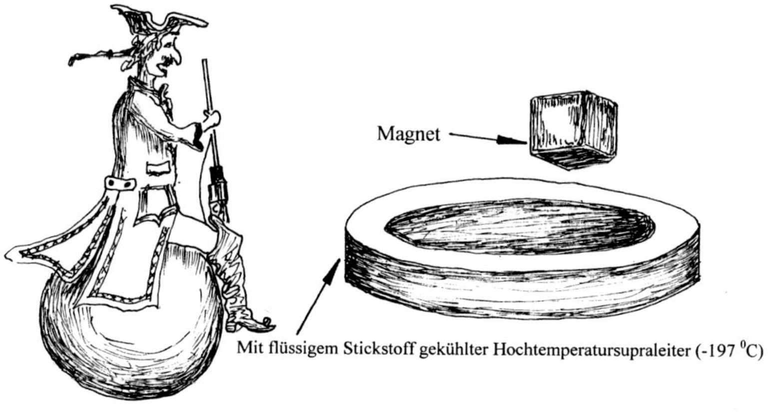

# VII. „Ritt auf der Kanonenkugel“ und Spionage

Aus dem vierten Kapitel (Abenteuer des Freiherrn von Münchhausen im Kriege gegen die Türken) [6, S. 51-53]:

*Einem Manne, meine Herren, der einen Gaul, wie mein Litauer war, zu reiten vermochte, können Sie auch wohl noch ein anders Voltigier- und Reiterstückchen zutrauen, welches außerdem vielleicht ein wenig fabelhaft klingen möchte. Wir belagerten nämlich, ich weiß nicht mehr, welche Stadt, und dem Feldmarschall war* ***ganz erstaunlich viel an genauer Kundschaft gelegen, wie die Sachen in der Festung stünden****. Es schien äußerst schwer, ja fast unmöglich, durch alle Vorposten, Wachen und Festungswerke hineinzugelangen, auch war eben kein tüchtiges Subjekt vorhanden, wodurch man so was glücklich auszurichten hätte hoffen können. Vor Mut und Diensteifer fast ein wenig allzu rasch stellte ich mich neben eine der größten Kanonen, die soeben nach der Festung abgefeuert ward, und* ***sprang im Hui auf die Kugel,*** *in der Absicht, mich in die Festung hineintragen zu lassen. Als ich aber halbweges durch die Luft geritten war, stiegen mir allerlei nicht unerhebliche Bedenklichkeiten zu Kopfe. „Hum“, dachte ich, „hinein kommst du nun wohl, allein wie hernach sogleich wieder heraus? Und wie kanns dir in der Festung ergehen? Man wird dich sogleich als einen Spion erkennen und an den nächsten Galgen hängen. Ein solches Bette der Ehren wollte ich mir denn doch wohl verbitten“. Nach diesen und ähnlichen Betrachtungen entschloß ich mich kurz, nahm die glückliche Gelegenheit wahr, als eine Kanonenkugel aus der Festung einige Schritte weit vor mir vorüber nach unserm Lager flog, sprang von der meinigen auf diese hinüber und kam, zwar unverrichteter Sache, jedoch wohlbehalten bei den Unsrigen wieder an* [6, S. 51-53].

Das Interesse des Feldmarschalls „an genauer Kundschaft, wie die Sachen in der Festung stünden“, trifft die Hauptaufgabe der Spionage, die bei jedem Konflikt feindlich gesinnter Länder oder konkurrierender Unternehmen auf das Beschaffen unbekannter Informationen oder geschützten Wissens ausgerichtet ist. Viele Staaten betreiben Spionage, um militärtechnische und industrielle Geheimnisse zu gewinnen. Vor allem kam es im Kalten Krieg zu gegenseitiger massiver Spionage zwischen der Sowjetunion und der Volksrepublik China auf der einen Seite und den USA und ihren Verbündeten andererseits. Aber auch private Organisationen wie Wirtschaftsunternehmen sind in Spionageaktivitäten verwickelt. Zunehmend wichtig wird das Beschaffen detaillierter unbekannter Informationen in dieser Zeit aber auch zur Sicherung unseres freiheitlich-demokratischen Gemeinwesens vor terroristischen Angriffen. Der Kenntnisgewinn kann über Informanten wie angeworbene oder eingeschleuste Spione oder mit technischen Mitteln wie Spionageflugzeuge, Spionagesatelliten oder das Anzapfen von Nachrichtensystemen eingeholt werden. Obwohl es zu Hieronymus von Münchhausens Zeiten noch keine Flugzeuge gab, hatte der Freiherr die grandiose und phantastische Idee, sich durch seinen Ritt auf der Kanonenkugel mit hoher Geschwindigkeit in Richtung auf das feindliche Lager tragen zu lassen, um dieses von oben auszuspionieren, und dann der sicheren Gefangennahme in diesem feindlichen Lager durch Umspringen auf eine entgegen fliegende feindliche Kugel zu entgehen. Hierin war er mehr als zwei Jahrhunderte vorher dem Lockheed-U-2-Piloten Francis Gary Powers weit überlegen, denn der unternahm in den frühen Morgenstunden des 1. Mai 1960 einen Spionageflug über die Sowjetunion, um Informationen für die NSA (National Security Agency der USA) zu beschaffen, wurde aber von der sowjetischen Luftverteidigung abgeschossen, überlebte und wurde gefangen genommen und verhört [VII.1].

Heute bedient man sich nicht mehr nur der Aufklärungsflugzeuge (wie der Kanonenkugeln des Hieronymus), sondern man nutzt die mit der hohen Lichtgeschwindigkeit (299 790 km pro Sekunde) um den Erdball und zu und von den Satelliten gesandten Nachrichten zum Abhören und Spionieren. Die National Security Agency (NSA) wurde mit dem Auftrag eingerichtet, ausländische Nachrichtenverbindungen abzuhören [VII.1]. Sie hat seit den 1970er Jahren erheblich an Einfluss gewonnen, in Deutschland übt sie ihre offizielle Tätigkeit als NSA/CSS Representative Europe office (NCEUR) in den Patch Barracks in Stuttgart-Vaihingen aus.

Nach dem zweiten Weltkrieg wurde die Abhörstation im bayerischen Bad Aibling, das sogenannte Große Ohr, vom US-Geheimdienst NSA zum Abhören von 13 Kommunikations-Satelliten und zur Erfassung von 6500 Rohdaten pro Sekunde genutzt. Die Anlage gehört zum weltweiten Spionagenetz Echelon zum Abhören bzw. zur Überwachung von über Satellit geleiteten privaten und geschäftlichen Telefongesprächen, Faxverbindungen und Internetdaten. Namensgeber war die antike Echelon-Schlachtordnung (schiefe Schlachtordnung), genauer aber das zum Empfang der Mikrowellen verwandte Echelon-System wie das in der Optik verwendete Spiegelflächen-Beugungsgitter (Echelette) [VII.2]. Neun Antennenanlagen der Fernmeldeweitverkehrsstelle der Bundeswehr liegen wie riesige Kugeln in der Voralpenlandschaft in Bad Aibling (Landkreis Rosenheim). Sie sind auf Satelliten ausgerichtet. Die Station fängt nach Angaben aus

Regierungskreisen vor allem – auch wegen der zunehmenden Terrorgefahr – Kommunikation aus dem sogenannten Islamischen Krisenbogen ab – Afghanistan, Syrien, dem Irak, Libyen [VII.3].

Wenn Hieronymus Carl Friedrich Freiherr von Münchhausen, „der einen Gaul, wie es sein Litauer war, zu reiten vermochte“ und mithin reiche „Voltigier- und Reiter-Erfahrung“ besaß, in Bad Aibling „im Hui auf die Kugel“, die seine Kanonenkugel allerdings in der Größe erheblich übertrifft, hätte springen können, wäre ihm beim Anblick der Alpenkette bewusst geworden, dass die Kugel nicht abgeschossen werden kann, aber unglaublich viele geheime Informationen sammeln und versenden kann.

Im Sommer 2013 löste der US-amerikanische Whistleblower Edward Joseph „Ed“ Snowdon die NSA-Affäre aus [VII.4]. Seine Enthüllungen offenbarten das riesige Ausmaß der weltweiten Überwachungs- und Spionagepraktiken von Geheimdiensten – überwiegend der Vereinigten Staaten und Großbritanniens, aber auch des Bundesnachrichtendienstes (BND) [VII.5]. Wegen der Terrorgefahr hat sich die Situation aber wieder geändert, und es gibt wieder enge Kooperation zwischen der NSA und dem BND [VII.3].

## VIII. „Aufflattern der an eine Schnur gebundenen Enten“, Synergetik, kollektive Beschleunigung und Fliegen

Aus dem zweiten Kapitel (Jagdgeschichten) [6, S. 18-22]:

*So schwammen einst auf einem Landsee, an welchen ich auf einer Jagdstreiferei geriet,* ***einige Dutzend wilder Enten allzu weit voneinander zerstreut*** *umher, als dass ich mehr denn eine einzige auf einen Schuss zu erlegen hoffen konnte; und zum Unglück hatte ich meinen letzten Schuss schon in der Flinte. Gleichwohl hätte ich sie gern alle gehabt, weil ich nächstens eine ganze Menge guter Freunde und Bekannten bei mir zu bewirten willens war. Da besann ich mich auf ein Stückchen Schinkenspeck, welches von meinem mitgenommenen Mundvorrat in meiner Jagdtasche noch übriggeblieben war. Dies befestigte ich an eine ziemlich lange Hundeleine, die ich aufdrehete und so wenigstens noch um viermal verlängerte. Nun verbarg ich mich im Schilfgesträuch am Ufer, warf meinen Speckbrocken aus und hatte das Vergnügen, zu sehen, wie die nächste Ente hurtig herbeischwamm und ihn verschlang. Der ersten folgten bald alle übrigen nach, und da der glatte Brocken am Faden gar bald unverdaut hinten wieder herauskam, so verschlang ihn die nächste, und so immer weiter. Kurz, der Brocken machte die Reise durch alle Enten samt und sonders hindurch,* ***ohne von seinem Faden loszureißen****. So saßen sie denn alle daran wie* ***Perlen an der Schnur****. Ich zog sie gar allerliebst an Land, schlug mir die Schnur ein halbes Dutzend mal um Schultern und Leib und ging meines Weges nach Hause zu. Da ich noch eine ziemliche Strecke davon entfernt war und mir die Last von einer solchen Menge ziemlich beschwerlich fiel, so wollte es mir fast leid tun, ihrer allzu viele eingefangen zu haben. Da kam mir aber ein seltsamer Vorfall zustatten, der mich anfangs in nicht geringe Verlegenheit setzte.*

*Die Enten waren nämlich noch alle lebendig, fingen, als sie von der ersten Bestürzung sich erholt hatten, gar mächtig an, mit den Flügeln zu schlagen und sich mit mir hoch in die Luft zu erheben. Nun wäre bei manchem wohl guter Rat teuer gewesen. Allein ich benutzte diesen Umstand, so gut ich konnte, zu meinem Vorteil* ***und ruderte mich mit meinen Rockschößen nach der Gegend meiner Behausung durch die Luft****. Als ich nun gerade über meiner Wohnung angelangt war und es darauf ankam, ohne Schaden mich herunterzulassen, so drückte ich einer Ente nach der andern den Kopf ein, sank dadurch ganz sanft und allmählich gerade durch den Schornstein meines Hauses mitten auf den Küchenherd, auf welchem zum Glück noch kein Feuer angezündet war, zu nicht geringem Schreck und Erstaunen meines Koches* [6, S. 18-22].

Mit dieser amüsanten Münchhausiade hat Hieronymus Freiherr von Münchhausen in mindestens dreifacher Hinsicht seiner Zeit in ungewöhnlicher Weise vorausgedacht: Er hat erstens einen Vorschlag konkretisiert, wie aus dem komplexen dynamischen System von „einigen Dutzend auf einem Landsee weit voneinander verstreuter Enten" eine übersichtliche Reihe von „wie Perlen auf eine Schnur" gefädelter Enten mit dem nützlichen Vorteil geschaffen wurde, den Freiherrn in die Lüfte zu heben (was deutlich über die Fahrt mit einem Hundeschlitten hinausgeht.). Die in dem komplexen dynamischen System der nach Futter heischenden Enten standen in Wechselwirkung miteinander, die zur Selbstorganisation führte und als Synergie bezeichnet wird. Die Selbstorganisation wird durch den Ordnungsparameter bestimmt, der das an einen Faden gebundene Stückchen Schinkenspeck darstellte und ohne äußeren Zwang (selbstorganisiert) die Entwicklung in den neuen Systemzustand der linearen Entenkette mit hoher **Kohärenz** möglich machte. Damit war ein Phasenübergang (Zustandswechsel) vollzogen. Diese Theorie der Selbstorganisation komplexer Systeme, die **Synergetik,** hat Hermann Haken in den 1970er Jahren aus der statistischen Physik der Nichtgleichgewichtssysteme für die Theorie des Lasers entwickelt [VIII.1-2]. Die allgemeinen Gesetze und Prinzipien der Synergetik gelten universell für Physik, Chemie, Biologie, Psychologie und Soziologie.

Das fantastische Prinzip, den (schweren) Freiherrn von Münchhausen durch mehrere auf eine Leine aufgefädelte aufflatternde (leichte) Enten hoch in die Luft zu beschleunigen, scheint zweitens aber auch das erst zwei Jahrhunderte später erfundene Verfahren der **kollektiven Beschleunigung von (schweren) Ionen mit relativistischen Ringen aus (leichten) Elektronen** vorwegzunehmen. Hierbei erzeugt ein Ring sehr vieler relativistischer Elektronen in einem hohen magnetischen Feld die für die kollektive Beschleunigung von deutlich weniger Ionen notwendige Ladungsmenge und elektrische Feldstärke. Nach dem Vorschlag von Vladimir I. Veksler, und Gersh I. Budker wird der Ring durch

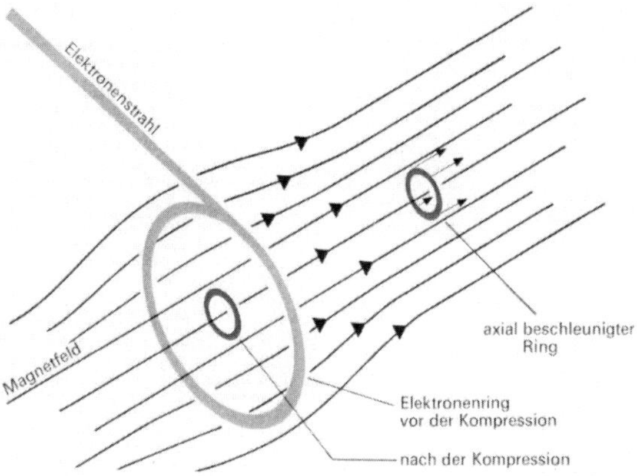


Injektion eines stromstarken relativistischen Elektronenstrahls in ein starkes Magnetfeld hergestellt und durch Hinzufügung weniger Ionen, die beschleunigt werden sollen, neutralisiert und somit selbststabilisiert [VIII.3-5]. Durch Erhöhung der Magnetfeldstärke wird der Elektronenring komprimiert, womit sich seine elektrische Feldstärke (holding power) zur Bindung der mit dem Elektronenring zu beschleunigenden Ionen erhöht, und dann in Richtung der magnetischen Feldlinien beschleunigt. Damit gewinnen die Ionen pro Wegstrecke eine um das Massenverhältnis von Ionen zu Elektronen höhere Energie. Viele leichte Elektronen beschleunigen mithin wenige schwere Ionen, die über das elektrische Feld an den Elektronenring gebunden sind, solange die Beschleunigung des Ringes in Magnetfeldrichtung unterhalb der Grenze bleibt, mit der die Ionen dank der elektrischen „Haltefeldstärke" (holding power) im Ring festgehalten werden, ähnlich wie in der Münchhausiade der schwere Freiherr durch eine größere Anzahl leichter Enten gegen die Schwerkraft hoch in die Luft getragen wurde. Der elektrischen Haltefeldstärke entspricht hier die Zerreißfestigkeit der Schnur, mit der der Freiherr an die Kette der Enten gebunden ist.

In der modernen Astroteilchenphysik können die extrem hohen Energien (mehr als $10^{20}$ eV), die man für die energiereichsten kosmischen Teilchen zum Beispiel im Pierre Auger-Observatorium findet, auch nur durch derartige kollektive Beschleunigungsmechanismen mit schnell bewegten hohen elektrischen Raumladungsfeldern – ähnlich wie die mit der von den Enten schnell bewegten Schnur in der Münchhausiade – erklärt werden [VIII.6].

Für Hieronymus Freiherrn von Münchhausen hat bei dieser Münchhausiade als dritte Komponente des Vorausdenkens sicher auch die Faszination des Fliegens eine nicht unerhebliche Rolle gespielt. Die Erhebung in die Lüfte war seit altersher ein großer Menschheitstraum, der bereits mit der Sage von Dädalus und Ikarus und ihrem tragisch verlaufenen Flug zur Sonne aus der antiken griechischen Mythologie überliefert war. Aber wegen der fehlenden Kenntnisse der physikalischen Grundlagen des aerodynamischen Fluges konnte keine Apparatur

gebaut werden, die längere Zeit mit der Last eines Menschen fliegend hätte genutzt werden können. Erst im 19. Jahrhundert gab es Tests – zunächst im Gleitflug – mit flugfähigen Apparaten, die das Gewicht eines Menschen tragen konnten. Albrecht Ludwig Berblinger (1770-1829) scheiterte mit seinem Fluggerät zwar 1811 noch tragisch bei dem Versuch, die Donau in Ulm zu überqueren. George Cayley (1773-1857) gelang jedoch 1852 ein Gleitflug in England, und Otto Lilienthal (1848-1896) flog 1891 auch im Gleitflug mit seinem ersten bemannten Fluggerät – einem heutigen Hängegleiter – vom Mühlenberg in Derwitz (in Brandenburg) und stellte die physikalische Beschreibung der Tragfläche auf, mit der die Brüder Wright das Prinzip des Flugzeuges weiterentwickelten. Diese Pioniere legten mit ihren erfolgreichen Motorflügen die technische Basis für die rasante Entwicklung der Luftfahrt seit Beginn des 20. Jahrhunderts.

Obwohl Hieronymus von Münchhausen von diesen Entwicklungen der Luftfahrt noch keinerlei Kenntnis haben konnte, setzt er uns in seiner abenteuerlichen Schilderung auch über das Detail in Erstaunen, wie weit vorausschauend, genial und mit hoher aerodynamischer Intuition er die Steuerung seines Fluges durch die Luft vornahm: Er **„ruderte sich mit seinen Rockschößen durch die Luft“**, so wie das Gieren oder Wenden eines Flugzeugs, also das Drehen um seine Hochachse, mit dem Seitenruder erfolgt, derjenigen Fläche, die sich am Leitwerk des Flugzeugs um eine vertikale Achse bewegen lässt [VIII.7]. Durch die asymmetrische Luftwiderstandsverteilung, die von dem Ausschlag der an den Flügeln angebrachten Querruder erzeugt wird, kann das Seitenruder das negative Wendemoment ausgleichen, so dass das Seitenruder zusammen mit dem Querruder gleichsinnig, gleichzeitig und proportional ausgelenkt wird [VIII.8].

Die Münchhausiade des „Aufflatterns der an eine Schnur gebundenen Enten“ im Zusammenhang mit der Kohärenz ist sehr eng verknüpft mit Münchhausens Abenteuergeschichte des „Erlegens einer Kette Hühner mit dem Ladestock“, in der die Kohärenz der auffliegenden Hühner durch den Ladestock erzwungen wird, und die auch *kursiv* wiedergegeben werden soll:

Aus dem zweiten Kapitel (Jagdgeschichten) [6, S. 20-22]:

*Einen ähnlichen Vorfall hatte ich einmal mit einer Kette Hühner. Ich war ausgegangen, um eine neue Flinte zu probieren, und hatte meinen kleinen Vorrat von Hagel ganz und gar verschossen, als wider alles Vermuten vor meinen Füßen eine Flucht Hühner aufging. Der Wunsch, einige derselben abends auf dem Tische zu sehen, brachte mich auf einen Einfall, von dem Sie, meine Herren, auf mein Wort, im Falle der Not Gebrauch machen können. Sobald ich gesehen hatte, wo sich die Hühner niederließen, lud ich hurtig mein Gewehr und setzte statt des Schrotes den Ladstock auf, den ich, so gut sichs in der Eile tun ließ, an dem obern Ende etwas zuspitzte. Nun ging ich auf die Hühner zu, drückte, sowie sie aufflogen, ab und hatte das Vergnügen, zu sehen, dass mein Ladstock mit sieben Stücken, die sich wohl wundern mochten, so früh am Spieße vereinigt zu werden, in einiger Entfernung allmählich heruntersank. – Wie gesagt, man muß sich nur in der Welt zu helfen wissen* [6, S. 20-22].

In dieser Münchhausiade, in der die Flugzustände (Abstand, Richtung, …) der erjagten Hühner eng zusammenhängen (lateinisch cohaerere), lässt Freiherr von Münchhausen diese Kohärenz sich nicht wie bei den Enten auf dem Landsee erst durch Selbstorganisation entwickeln, er erzwingt sie mit dem Ladestock, so dass sich wie bei den Wellen in der Physik die Auslenkung zeitlich auf dieselbe Weise ändert.

## IX. „Kirschbaumgeweih“ und Implantation

Aus dem zweiten Kapitel (Jagdgeschichten) [6, S. 25-27]:

*Sie haben unstreitig, meine Herren, von dem Heiligen und Schutzpatron der Weidmänner und Schützen, St. Hubert, nicht minder auch von dem stattlichen Hirsche gehört, der ihm einst im Walde aufstieß und welcher das heilige Kreuz zwischen seinem Geweihe trug. Diesem Sankt habe ich noch alle Jahre mein Opfer in guter Gesellschaft dargebracht und den Hirsch wohl tausendmal sowohl in Kirchen abgemalt als auch in die Sterne seiner Ritter gestickt gesehen, so dass ich auf Ehre und Gewissen eines braven Weidmanns kaum zu sagen weiß, ob es entweder nicht vorzeiten solche Kreuzhirsche gegeben habe oder wohl noch heutigestages gebe. Doch lassen Sie sich vielmehr erzählen, was ich mit meinen eigenen Augen sah. Einst, als ich alle mein Blei verschossen hatte, stieß mir ganz wider mein Vermuten der stattlichste Hirsch von der Welt auf. Er blickte mir so mir nichts dir nichts ins Auge, als ob ers auswendig gewusst hätte, dass mein Beutel leer war. Augenblicklich lud ich indessen meine Flinte mit Pulver und darüber her eine ganze Handvoll Kirschsteine, wovon ich, so hurtig sich das tun ließ, das Fleisch abgesogen hatte. Und so gab ich ihm die volle Ladung mitten auf seine Stirn zwischen das Geweihe. Der Schuß betäubte ihn zwar – er taumelte – , machte sich aber doch aus dem Staube. Ein oder zwei Jahre danach war ich in ebendemselben Walde auf der Jagd; und siehe, zum Vorschein kam ein stattlicher Hirsch, mit einem vollausgewachsenen Kirschbaume, mehr denn zehn Fuß hoch, zwischen seinem Geweihe. Mir fiel gleich mein voriges Abenteuer wieder ein; ich betrachtete den Hirsch als mein längst erworbenes Eigentum und legte ihn mit einem Schusse zu Boden, wodurch ich denn auf einmal an Braten und Kirschtunke zugleich geriet. Denn der Baum*

*hing reichlich voll Früchte, die ich in meinem ganzen Leben so delikat nicht gegessen hatte. Wer kann nun wohl sagen, ob nicht irgendein passionierter heiliger Weidmann, ein jagdlustiger Abt oder Bischof, das Kreuz auf eine ähnliche Art durch einen Schuß auf St. Huberts Hirsch zwischen das Gehörne gepflanzt habe? Denn diese Herren waren ja von je und je wegen ihres Kreuz- und Hörnerpflanzens berühmt und sind es zum Teil noch bis auf den heutigen Tag. Im Falle der Not, und wenn es Aut und Naut gilt, welches einem braven Weidmanne nicht selten begegnet, greift er lieber wer weiß wozu und versucht eher alles, als dass er sich die günstige Gelegenheit entwischen läßt. Ich habe mich manches liebes Mal selbst in einer solchen Lage der Versuchung befunden* [6, S. 25-27].

Mit dieser fantastischen Münchhausiade hat Hieronymus Freiherr von Münchhausen verschiedene erst zwei Jahrhunderte später in Technik und Medizin entwickelte Verfahren der Implantation vorweggenommen, indem er Kirschkerne als pflanzliches Material in lebende säugetierische Substanz wie in den Schädel des stattlichen Hirschen implantiert hat. Damit konnte er zu seiner eigenen Überraschung eine ganz neue Kombination guter Eigenschaften erzeugen. Zu den Begriffen der Implantation (vom lateinischen „Einpflanzen“) – allerdings ohne Einschuss im Münchhausenschen Sinne – zählen die Nidation als natürliches Einnisten des Embryos in die Gebärmutterschleimhaut [IX.1] und der Zytoplastische Hybrid, auch als Zybrid (oder englisch Cybrid) abgekürzt, bei dem ein menschlicher Zellkern in eine tierische Eizelle eingepflanzt wird und eine Chimäre entsteht. Dies ist bioethisch sehr umstritten [IX.2-3].

In den letzten Jahren hat sich auch das „Genetic Engineering“ stark entwickelt, mit dem durch Rekonstruktion der Genome ausgestorbener Tiere wie des Mammuts, des Dodos, des Beutelwolfs, des Moas oder der Wandertaube und der Implantation dieser Genome in die Eizellen verwandter Wirtstiere eine Wiederbelebung ausgestorbener Tiere oder die Entstehung von Tieren, die so ähnlich aussehen, gelingen könnte [IX.5]. Doch auch hier streiten sich Wissenschaftler und Artenschützer darüber, ob die Wiederbelebung ausgestorbener Arten überhaupt

Sinn und Nutzen hat. Wenn die Wiederbelebung des Mammuts schon vor zweieinhalb Jahrhunderten gelungen wäre, hätte sich Hieronymus Freiherr von Münchhausen auf seinen Reisen in Russland sicher über eine Begegnung mit diesem Tier sehr gefreut und daraus wieder eine fantastische und grandiose Abenteuergeschichte geschaffen.

Implantate als im menschlichen oder tierischen Körper permanent oder für längere Zeiträume (ohne Einschuss im Sinne des Freiherrn) eingepflanzte künstliche Materialien wurden in jüngster Zeit mit großem Erfolg eingesetzt [IX.4]. Bei den medizinischen Implantaten bzw. Endoprothesen wurden in den letzten Jahrzehnten zur Unterstützung oder zum Ersatz verschiedener Körperfunktionen beeindruckende Fortschritte erzielt, wenn man an Herzschrittmacher, Stents, Zahnimplantate und Gefäßprothesen, an Cochlea- und Retina-Implantate und an die verschiedenen Formen des Gelenkersatzes für Hüfte, Knie oder Schulter denkt. Plastische Implantate werden in der plastischen Chirurgie z. B. für zerstörte Körperteile eingesetzt, und funktionelle Implantate dienen mit Einpflanzen von RFID-Chips der Überwachung von Tieren oder Menschen [IX.4].

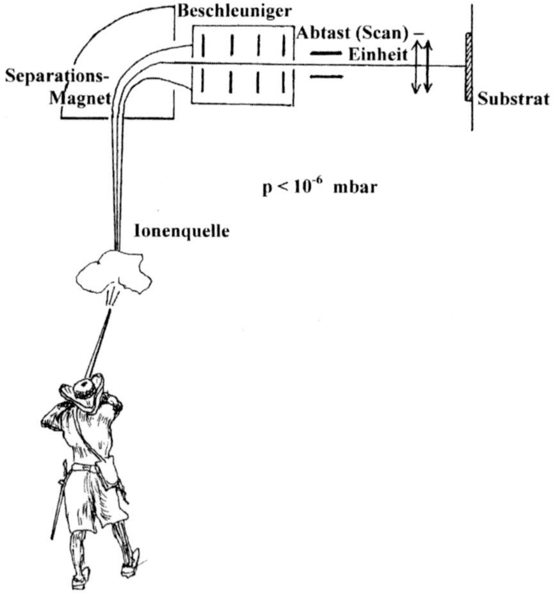


Der Münchhausiade mit dem Kirschkernbeschuss des stattlichen Hirschen am nächsten kommt sicher die Implantation durch Bestrahlen (Beschuss) von Festkörpern mit Partikelstrahlung, die Ionenimplantation [IX.6]. Bei ihr werden Fremdatome in ionisiertem Zustand in ein Grundmaterial, vorzugsweise einen Halbleiter, geschossen, um damit die Materialeigenschaften wie die elektrische Leitfähigkeit, Ladungsträgerbeweglichkeit und Dotierung gezielt einzustellen. In einer derartigen Anlage, dem Ionenimplanter, werden die Ionen in einer Ionenquelle erzeugt, durch ein elektrisches Feld extrahiert, in einem Massenseparator mit Magnetfeld (Separationsmagnet) nach ihrer Masse getrennt, beschleunigt und mittels elektrischer Felder abgelenkt, um an verschiedene Orte auf der Probe implantiert zu werden. Neben der Hauptanwendung in der Mikroelektronik haben die Ionenimplanter auch sehr viele Vorteile in der Materialentwicklung für die Einstellung und Optimierung mechanischer und optischer Eigenschaften wie Härte, Farbe, Ätzbarkeit, Haftung und Gasdiffusion [IX.7].

Und so wird deutlich, dass – wie in Hieronymus von Münchhausens fantastischer Erzählung – auch hier durch den Beschuss bzw. die Implantation von Substanz mit Partikeln anderen Materials neue günstige Eigenschaften des Materials entstehen können.

Die Ionenimplantation wird auch erreicht, wenn man das Werkstück in ein Plasma eintaucht und Ionen dadurch auf dessen Oberfläche beschleunigt (schießt), dass man sie mit einem negativen Hochspannungspuls aus dem Plasma zieht, was als Plasma-Immersions-Ionenimplantation bezeichnet wird [IX.8].

# X. „Mondfahrt", moderne Raumfahrt und Suche nach außerirdischem Leben

Aus dem fünften Kapitel (Abenteuer des Freiherrn von Münchhausen während seiner Gefangenschaft bei den Türken; er kehrt in seine Heimat zurück) [6, S. 56-57]:

*... Ich musste (als Kriegsgefangener und türkischer Sklave) nämlich des Sultans Bienen alle Morgen auf die Weide treiben, sie daselbst den ganzen Tag lang hüten und dann gegen Abend wieder zurück in ihre Stöcke treiben. Eines Abends vermisste ich eine Biene, wurde aber sogleich gewahr, dass zwei Bären sie angefallen hatten und ihres Honigs wegen zerreißen wollten. Da ich nun nichts anderes Waffenähnliches in Händen hatte als die silberne Axt, welche das Kennzeichen der Gärtner und Landarbeiter des Sultans ist, so warf ich diese nach den beiden Räubern, bloß in der Absicht, sie damit wegzuscheuchen. Die arme Biene setzte ich auch wirklich dadurch in Freiheit; allein* ***durch einen unglücklichen, allzu starken Schwung meines Armes flog die Axt in die Höhe und hörte nicht auf zu steigen, bis sie im Monde niederfiel.*** *Wie sollte ich sie nun wiederkriegen? Mit welcher Leiter auf Erden sie herunterholen? Da fiel mir ein, dass die türkischen Bohnen sehr geschwind und zu einer ganz erstaunlichen Höhe emporwüchsen. Augenblicklich pflanzte ich also eine solche Bohne, welche wirklich emporwuchs und sich an eines von des Mondes Hörnern von selbst anrankte. Nun kletterte ich getrost nach dem Monde empor, wo ich auch glücklich anlangte. Es war ein ziemlich mühseliges Stückchen Arbeit, meine silberne Axt an einem Orte wiederzufinden, wo alle anderen Dinge gleichfalls wie Silber glänzten. Endlich fand ich sie doch auf einem Haufen Spreu und Häckerling. Nun wollte ich wieder zurückkehren, aber ach, die Sonnenhitze hatte indessen meine Bohne aufgetrocknet, so dass daran schlechterdings nicht wieder herabzusteigen war. Was war nun zu tun? – Ich flocht mir einen Strick von dem Häckerling, so lang ich ihn immer machen konnte. Diesen befestigte ich an eines von des Mondes Hörnern und ließ mich daran heruntern. Mit der rechten Hand hielt ich mich fest, und in der linken führte ich meine Axt. Sowie ich nun eine Strecke heruntergeglitten war, so* ***hieb***

***ich immer das überflüssige Stück ab und knüpfte dasselbe unten wieder an,*** *wodurch ich dann ziemlich heruntergelangte. Dieses wiederholte Abhauen und Anknüpfen machte nun freilich den Strick ebenso wenig besser, als es mich völlig herab auf des Sultans Landgut brachte. Ich mochte wohl ein paar Meilen weit droben in den Wolken sein, als der Strick auf einmal zerriß und ich* ***mit solcher Heftigkeit herab*** *zu Gottes Erdboden fiel,* ***dass ich ganz betäubt davon wurde****. Durch die Schwere meines von einer solchen Höhe herabfallenden Körpers fiel ich* ***ein Loch, wenigstens neun Klafter tief, in die Erde hinein*** [6, S. 56-57].

Der Aufbruch ins All war schon immer ein Traum der Menschheit gewesen, und auch in der griechischen Mythologie und bei den Römern war er ein beliebtes Thema. So hatte im Ikarus-Mythos Dädalus für sich und seinen Sohn Ikarus Flügel erfunden und gebaut, mit denen sie sich zu weiten Flügen in die Höhe erheben konnten. Ikarus stieg dabei aber im Übermut so hoch zur Sonne hinauf, dass das Wachs zur Befestigung seiner Flügel schmolz. Sein unvermeidlicher Absturz und der Tod des Übermütigen wurden als die Strafe der Götter für seinen unverschämten Griff nach der Sonne gedeutet.

In seiner wieder fantastischen und unglaublichen Münchhausiade über die Mondfahrt gibt der Freiherr von Münchhausen schon zwei Jahrhunderte vor dem Beginn der Raumfahrt auf der Erde wesentliche visionäre Ansätze auch zur Lösung dieser faszinierenden Thematik: So warf Hieronymus von Münchhausen seine silberne Axt offenbar durch einen „unglücklichen, allzu starken Schwung seines Armes“ auf den Mond. Zu diesem ballistischen Abheben von der Erdoberfläche zum Mond hätte er mit seinem Arm allerdings nahezu die Fluchtgeschwindigkeit von $v = 11{,}2$ km/s, die sogenannte „zweite kosmische Geschwindigkeit“, erreichen müssen. Das ist fast die 34-fache Schallgeschwindigkeit in Luft, für die Armbewegung des Freiherrn also völlig illusorisch, womit sich diese Münchhausiade auch wieder als Adynaton, also als ein unmögliches Ereignis mit Überraschungsmotiv darstellt. Die Fluchtgeschwindigkeit v muss nämlich deshalb so hoch sein, weil mit ihr die kinetische Energie $\frac{1}{2} mv^2$ des Körpers (hier der Axt mit der Masse m) den Wert seiner Bindungsenergie $\Gamma \cdot M_E \cdot m/r_E$ im Gravitationsfeld der Erde erreicht, so dass er auf einer Parabelbahn entweichen kann. Damit ist $v = (2\Gamma M_E/r_E)^{1/2}$, wobei $\Gamma = 6{,}67408 \cdot 10^{-11}$ $m^3/(kg \cdot s^2)$ die Gravitationskonstante, $M_E = 6{,}0334 \cdot 10^{24}$ kg die Masse der Erde und $r_E = 6371$ km der mittlere Erdradius sind [X.1]. Obwohl diese Abschätzung der Fluchtgeschwindigkeit weder die Rotationsgeschwindigkeit der Erde noch die Tatsache berücksichtigt, dass für den Flug zum Mond die Fluchtgeschwindigkeit nicht voll erreicht werden muss, macht sie aber trotzdem etwa 10,8 km/s aus, eine beeindruckend hohe Geschwindigkeit. Selbst um einen Flugkörper in eine einfache kreisförmige Umlaufbahn um die Erde zu katapultieren, bedarf es schon der „Kosmischen Geschwindigkeit“ von 7,9 km/s [X.2-3].

Trotz sehr vieler Ideen und Visionen entbehrte der Aufbruch ins All mit dem Ziel, sich im Weltraum aufzuhalten oder dort sogar leben zu können, lange Zeit jeder vernünftigen wissenschaftlichen Begründung und blieb bis zur Mitte des 20. Jahrhunderts ein Traum von wenigen Visionären und Exzentrikern. Mit seinen Plänen für Weltraumtürme und –fahrstühle zählte auch der russische Lehrer und Amateurforscher Konstantin Eduardowitsch Ziolkowski (1857-1935) zu den Visionären und Exzentrikern, die von ihren Zeitgenossen Jahrzehnte lang ignoriert und nicht ernst genommen wurden. In seiner 1903 veröffentlichten Abhandlung „Erforschung des Weltraums mittels Reaktionsapparaten“ formulierte er erstmals die Raketengrundgleichung für einen Flug ins All [15, X.3]. Wesentliche Grundlage des Antriebs dieser „Reaktionsapparate“ stellt der Rückstoß der Raketen dar: die Rakete stößt Masse mit hoher Geschwindigkeit nach hinten heraus. Durch die Impulserhaltung hebt sie dann ab, wenn die damit erzeugte Schubkraft ihr Gewicht übertrifft. Dazu sind bisher nur chemische und nukleare Raketenantriebswerke in der Lage. Nachdem der Deutsche Hermann Oberth (1894-1989) die Grundgleichung der Raketentechnik 1923 aufgestellt hatte, war das Konzept der Stufenrakete geboren, mit dem man große Nutzlasten energetisch günstig in eine gewünschte Flugbahn bringen kann [X.3]. Mit dem „Abschlagen und dem Anknüpfen des Strickes am anderen Ende“ zu seinem geschilderten stufenweisen (Nutzlast)-Transport vom Mond zurück zur Erde könnte man sich vorstellen, dass Hieronymus von Münchhausen bereits sehr früh intuitiv die Vision zum Lösungskonzept eines der vielen wichtigen Probleme der Raumfahrt zum Ausdruck bringen wollte.

Nach ersten Entwicklungen und erfolgreichen Experimenten zu Flüssigkeitsraketen des US-amerikanischen Raketenpioniers Robert Hutchings Goddard (1882-1945) im Jahre 1935 und des Tiroler Astronomen, Schriftstellers und Wegbereiters der Raketentechnik Max Valier (1895-1930) im Jahre 1930 ließ sich erst mit den im Zweiten Weltkrieg entwickelten militärischen Raketen und mit den Technologien, die im darauf folgenden Kalten Krieg im Wettlauf zwischen den USA und der UdSSR geschaffen wurden, das Tor zur Eroberung des Weltraums aufstoßen [X.2].

Unter dem Raketeningenieur und Wegbereiter der Raketenwaffen und der Raumfahrt Wernher von Braun (1912-1977) entstand bis zum Ausbruch des zweiten Weltkrieges der Forschungs- und Produktionskomplex Peenemünde mit der Entwicklung der A4/V2-Rakete. Nachdem die Militärstrategen und Politiker der Sowjetunion und der USA das Potential der Raketentechnik erkannt hatten, begann bereits in den letzten Tagen des Zweiten Weltkrieges und dann im Kalten Krieg der jahrzehntelange Wettlauf der beiden Staaten ins Weltall. Höhepunkte stellten der Flug ins Weltall von Juri Gagarin am 12. April 1961 als erster Mensch und die erste Mondlandung mit Apollo 11 am 16. Juli 1969 dar. Daraufhin folgte die Kooperation und Globalisierung der Raumfahrt, die in dem Bau und dem Betrieb der Internationalen Weltraumstation ISS ihren sichtbaren Ausdruck findet [X.4].

Obwohl der Aufstieg des Freiherrn von Münchhausen zum Mond eine für ihn nicht realisierbare Vision bleiben musste, bei der er die notwendige riesige Fluchtgeschwindigkeit und das Fehlen der Atmosphäre zwischen Erde und Mond nicht berücksichtigte, ahnte er die riesige Problematik der Rückkehr zur Erde: *„Ich fiel mit solcher Heftigkeit zu Gottes Erdboden herab, dass ich ganz betäubt davon wurde“* [6, S.57]. Die Rückkehr – das Re-entry – eines Raumfahrzeugs aus dem fast luftleeren Orbit in die Erdatmosphäre setzt den Flugkörper gewaltigen Belastungen aus, wie man sie vom Meteoriteneinfall oder von Sternschnuppen erahnen kann: Beim Wiedereintritt in die Erdatmosphäre mit der „Kosmischen Geschwindigkeit“ von mehr als 7,9 km/s (oder fast 30 000 km/h, was etwa 30-mal so schnell wie ein Verkehrsflugzeug ist) wird das Raumfahrzeug in der Luft stark abgebremst, wobei sich vor seiner Front eine Verdichtungs-Stoßwelle bildet, die die aufgestaute Luft auf 20 000 °C aufheizt. Dabei treten Wärmebelastungen von mehr als einem Megawatt pro $m^2$ auf, mit denen sich ein Hitzeschutzschild auf 1700 °C aufheizt. Bei wieder verwendbaren Raumfahrtsystemen wie dem Space Shuttle werden dazu Hitzeschutzkacheln aus Verbundwerkstoffen mit in Kohlenstofffasern eingebettetem Siliziumcarbid verwendet [X.5]. Es werden extrem hohe Anforderungen an die Qualität der Hitzeschutzkacheln gestellt. Am 1. Februar 2003 zerbrach das Space Shuttle „Columbia“ während des Landeanflugs und verglühte über den USA, weil eine defekte Schaumstoffisolierung schon beim Start ein Loch in den Hitzeschild geschlagen hatte.

Dem Freiherrn Hieronymus von Münchhausen war der dramatische „Rückfall“ auf die Erde durchaus bewusst, als er schrieb, dass *„ich mit solcher Heftigkeit herab zu Gottes Erdboden fiel, dass ich ganz betäubt davon wurde. Durch die Schwere meines von einer solchen Höhe herabfallenden Körpers fiel ich ein Loch, wenigs-*

*tens neun Klafter tief, in die Erde hinein.*“ [6, S. 57]. Diese visionäre enorme Abbremsung seiner hohen kinetischen Energie durch Umwandlung in die potentielle Energie der herausgeschleuderten Erdlochmasse in etwa einer Zehntelsekunde hätte er sicher nicht überleben können. Ebenso wäre er (und auch sein schöner Hut als Hitzeschild) den hohen Belastungen beim Wiedereintritt in die Erdatmosphäre, bei dem sich eine Verdichtungs-Stoßwelle mit sehr hoher Temperatur vor dem Hitzeschild ausbilden würde, ganz sicher nicht gewachsen gewesen. Die kleine Skizze ist dem Re-entry des Space Shuttle als „Rückfall“ des Freiherrn – einem Meteoriten ähnlich – über den Weserrenaissance-Schlössern Schwöbber und Hämelschenburg nachempfunden.

Auch bei einer „zweiten Reise nach dem Monde“, die er als zehntes Seeabenteuer im sechzehnten Kapitel erzählt [6, S. 156] und die in ihm die Vision zur Lösung einer der ältesten Fragen der Menschheit geweckt hat, ist Hieronymus von Münchhausen sehr weit davon entfernt gewesen, die notwendige Fluchtgeschwindigkeit zum Abheben von der Erdoberfläche zum Mond zu erreichen, wie man seiner Schilderung im sechzehnten Kapitel [6, S. 157] entnimmt: *Den achtzehnten Tag, nachdem wir bei der Insel Otahiti vorbeigekommen waren, führte ein Orkan unser Schiff wenigstens tausend Meilen von der Oberfläche des Wassers weg und hielt es geraume Zeit in dieser Höhe. Endlich füllte ein frischer Wind unsere Segel, und nun gings mit unglaublicher Geschwindigkeit fort. Sechs Wochen waren wir über den Wolken gereiset, als wir ein großes Land entdeckten, rund und glänzend, gleichsam eine schimmernde Insel* [6, S.157]. Selbst mit der Geschwindigkeit des stärksten Orkans oder im Jetstream hätte Hieronymus Freiherrn von Münchhausen noch ein Faktor 50 für die Kosmische Geschwindigkeit zum Abheben aus dem Gravitationsfeld der Erde und zum Flug zum Mond gefehlt. Darüber hinaus hätte es natürlich auch der Atmosphäre zum Atmen bedurft.

Diese große spannende Frage (eine der ältesten) der Menschheit, zu deren Lösung der Freiherr direkt beitragen wollte, lautet: Sind wir als Lebende allein im Universum? Oder gibt es außerirdisches Leben? In prähistorischer Zeit und in der Antike wie in den griechischen, jüdischen und germanischen Mythologien glaubte man an die Existenz intelligenter nichthumaner Wesen wie an die Giganten, die Zentauren, die Engel und Feen [X.6], wie sie auch Freiherr von Münchhausen in seinen Münchhausiaden beschreibt, wobei er sich allerdings auf menschliche und tierische Wesen mit Abweichungen in Größe und Gliedmaßenzahl beschränkt [6, S. 156, 160, 175, 180].

In allen wissenschaftlichen terrestrischen oder astronomischen Untersuchungen hat man bisher jedoch keinerlei Anzeichen für intelligentes Leben außerhalb der Erde gefunden, obwohl die Zahl der vermuteten Planeten, die um sichtbare Sterne kreisen, in unserem Universum sicher riesig ist: Unsere Milchstrasse, unsere Galaxis, enthält etwa 100 Milliarden Sterne, und ebenso viele Sterne enthalten jeweils die etwa 100 Milliarden Galaxien, so dass unser Universum aus der riesigen Zahl von etwa $10^{22}$ Sternen besteht. Könnte das Problem, warum nichthumanes intelligentes Leben außerhalb der Erde bisher nicht gefunden wurde, etwa daran liegen, dass die Zahl der Planeten, auf denen sich Leben entwickeln kann, zu gering ist, oder dass die Entwicklung von Leben – insbesondere intelligentem Leben – ein extrem seltenes Ereignis ist [X.6]? Die Lösung dieser Probleme bedarf der detaillierten theoretischen Analyse der Planetenbildung mit Biochemie sowie Molekular- und Zellbiologie, mit der sich das neue Forschungsgebiet der Astrobiologie aufgetan hat: die Wissenschaft vom Leben außerhalb der Erde [X.6, X.7]. Durch genaue und sorgfältige Untersuchung der zukünftigen Entwicklung der Menschheit wird man auch Erkenntnisse über die Eigenschaften extraterrestrischer Zivilisationen gewinnen können [X.6].

Die Suche nach extraterrestrischer Intelligenz wandelte sich von Science-Fiction zu echter Wissenschaft mit einer internationalen Tagung für Astronomie, die der (damals) junge Radioastronom Frank Drake, der mit dem Radioteleskop in Green Bank, West Virginia vergeblich nach möglichen Funksignalen von Außerirdischen gesucht hatte, im November 1961 in Green Bank organisiert hatte. Hierbei stellte er seine weltberühmte „Drake-Formel“ als Versuch zur Berechnung der möglichen Zahl N der mit uns kommunizierenden außerirdischen Zivilisationen in unserer Milchstraße vor [X.6, X.7]:

$$N = N_{HP}\, f_{IC} = N_{HP} \bullet f_L \bullet f_I \bullet f_C \bullet L/L_S\ .$$

Dabei sind $N_{HP}$ die Zahl der habitablen erdähnlichen Planeten, $f_{IC}$ die Wahrscheinlichkeit dafür, dass sich auf solchen Planeten kommunizierende intelligente Gesellschaften entwickeln können, $f_L$ die Wahrscheinlichkeit dafür, dass sich Leben auf einem erdähnlichen Planeten entwickelt, $f_I$ der Anteil der Planeten, auf denen sich Leben in intelligentes Leben wandelt, und $f_C$ die Wahrscheinlichkeit dafür, dass diese intelligenten Gesellschaften sich in zur Kommunikation bereite technische Gesellschaften weiterentwickeln. L ist die mittlere Lebensdauer einer technologischen Gesellschaft und $L_S$ die Zeit, während der erdähnliche Planeten in unserer Milchstrasse existiert haben [X.6].

Obwohl die Gleichung sehr plausibel erscheint, gibt es für die einzelnen Faktoren bisher keine auch nur halbwegs belastbaren Werte. Die Suche nach habitablen erdähnlichen Planeten, also denjenigen, die in geeigneter Entfernung um ihren Zentralstern kreisen, so dass sie habitable Bedingungen (geeignete mittlere Temperaturen, flüssiges Wasser) bieten, gestaltet sich als sehr schwierig, da die nicht selbst strahlenden Planeten nur durch die sehr kleine Strahlungsreduktion beim Vorübergang vorm Zentralstern (Transitmethode) oder dessen Bewegung um den gemeinsamen Schwerpunkt (Radialgeschwindigkeitsmethode) nachweisbar sind. Der erste um einen sonnenähnlichen Stern außerhalb unseres Sonnensystems kreisende Planet wurde 1995 von Michel Mayer an der Universität Genf in 50 Lichtjahren Entfernung von uns entdeckt: 51 Pegasi b [X.6]. Anfang 2016 waren schon 2086 Exoplaneten beobachtet, davon 509 Systeme mit mehreren Planeten [X.8]. Die Nasa spürte mit dem Weltraumteleskop Kepler in 1400 Lichtjahren Entfernung den Planeten „Kepler-452b“ auf, der unserer Erde hinsichtlich Größe, Abstand zum Zentralstern und Oberflächentemperatur sehr ähnelt [X.9].

Parallel zur Suche nach Exoplaneten wird die Forschung zum Leben und seiner Entstehung auf der Erde, zur Evolution und – mit der Astrobiologie – auch zur Suche nach extraterrestrischem intelligentem Leben intensiv vorangetrieben [X.6].

Da in unserem Sonnensystem unser Nachbarplanet Mars noch gerade in der habitablen Zone kreist, er der Erde sehr ähnelt, weil er kurz nach seiner Entstehung vor mehreren Milliarden Jahren offenbar fließendes Wasser auf seiner Oberfläche, eine dichte Atmosphäre und lebensfreundliche Temperaturen besaß, konzentriert sich seit etwa fünf Jahrzehnten die Weltraumforschung und –entwicklung vor allem auch auf unseren Nachbarplaneten Mars. Nach vielen gescheiterten Missionen [X.10] gibt es nun große Pläne für den Mars wie den 1000-Jahres-Plan, mit dem das „Terraforming“ aus dem Mars einen Planeten machen soll, auf dem Menschen leben können [X.11].

Diese Visionen und ihre Realisierung hätten Hieronymus Freiherrn von Münchhausen sicher sehr beeindruckt und er hätte den Universalgelehrten Alexander von Humboldt bei dessen Aussage „Wo die Natur Hindernisse darbietet, wächst auch die Kraft“ voll unterstützt [X.12, X.13].

# Literatur


[1] Alida Weiss: *Wer war Münchhausen wirklich?* Herausgegeben 1960 von seiner Geburtsstadt Bodenwerder, 5. Auflage 1977

[2] Rudolf Erich Raspe: Baron Münchhausen's Narrative of his Marvellous Travels and Campains in Russia, London 1785

[3] Hans Pusen: *150 Jahre Münchhausens Erzählungen,* Niedersächsischer Sonntag, Unterhaltungsbeilage zur Niedersächsischen Tageszeitung Nr. 81, 4./5. April 1936

[4] Gottfried August Bürger: Wunderbare Reisen zu Wasser und zu Lande, Feldzüge und lustige Abenteuer des Freiherrn von Münchhausen, wie er dieselben bei der Flasche im Zirkel seiner Freunde selbst zu erzählen pflegt. Mit 158 Holzstichen von Gustave Doré zur Ausgabe von 1862, Magnus Verlag Essen

[5] Gottfried August Bürger: Wunderbare Reisen zu Wasser und zu Lande, Feldzüge und lustige Abenteuer des Freiherrn von Münchhausen, wie er dieselben bei der Flasche im Zirkel seiner Freunde selbst zu erzählen pflegt. R. Löwit Wiesbaden, Neudruck der Ausgabe von 1788

[6] Gottfried August Bürger: Wunderbare Reisen zu Wasser und zu Lande, Feldzüge und lustige Abenteuer des Freiherrn von Münchhausen, wie er dieselben bei der Flasche im Zirkel seiner Freunde selbst zu erzählen pflegt. Mit den Holzschnitten von Gustave Doré. Insel Taschenbuch 207, Insel Verlag Frankfurt am Main 1976

[7] Gottfried August Bürger: Wunderbare Reisen zu Wasser und zu Lande, Feldzüge und lustige Abenteuer des Freiherrn von Münchhausen, wie er dieselben bei der Flasche im Zirkel seiner Freunde selbst zu erzählen pflegt. Reclam-Bibliothek 121, 8. Auflage, Reclam-Verlag Leipzig 1981

[8] Ludwig Bode: Aus der Geschichte der alten Münchhausenstadt Bodenwerder, C. W. Niemeyer, Bodenwerder 1958

[9] http://de.wikipedia.org/wiki/Hieronymus_Carl_Friedrich_von_Münchhausen

[10] Herbert Kreft und Jürgen Söhnke: *Die Weserrenaissance,* Verlag CW Niemeyer Hameln, 1964

[11] Walter Siebert: *Die Herren von Münchhausen auf Schloß Schwöbber*, Deister- und Weser-Zeitung (DWZ), Wochenend-Magazin, Nr. 37, 13. September 1975

[12] Hermann Haken: *Erfolgsgeheimnisse der Natur, Synergetik: Die Lehre vom Zusammenwirken*, Deutsche Verlagsanstalt GmbH, Stuttgart, 1981

[13] Jörg Bewersdorf, Christian Eggeling und Thomas A. Klar: *Abbe ausgetrickst,* Physik Journal 13, 23-27, 2014

[14] Ernst Abbe: *Beiträge zur Theorie des Mikroskops und der mikroskopischen Wahrnehmung*, Archiv für Mikroskopische Anatomie 9, 413, 1873

[15] Kathrin Zinkant: *Und dann fliegen wir,* Süddeutsche Zeitung Nr. 24, S. 37, 30./31. Januar 2016

[16] Max Weber: Gesammelte Politische Schriften (herausgegeben von Johannes Winkelmann), Tübingen, J.C.B. Mohr (Paul Siebeck), 1988

[I.1] Eigil Friis-Christensen, Claus Fröhlich, Joanna D. Haigh, Manfred Schüssler, Rudolf von Steiger (Hrsg.): *Solar Variability and Climate,* Space Science Reviews 94, 2000

[I.2] D. Schmitt and M. Schüssler: *Klimaveränderung – Treibhauseffekt oder Sonnenaktivität?* Astronomie und Raumfahrt im Unterricht 39, 5, 31-35, 2002

[I.3] D. Schmitt, M. Schüssler, S.K. Solanki: *Der Einfluss der Sonne auf das Erdklima,* MPI für Sonnensystemforschung, Forschungsinfo 2/2009

[I.4] A. Gandorfer, B. Krummheuer: *Ballonmission Sunrise: Eine Reise zur aktiven Sonne,* MPI für Sonnensystemforschung, Forschungsinfo 2/2013

[I.5] S.K. Solanski and N. Krivova: *Analyzing Solar Cycles,* Science 334, 916-917, 2011, Timm Schröder: *Die Sonne als Wandelstern,* MaxPlanckForschung 3/14, S.62-69, 2014

[I.6] Schönewald, Beatrix (Hrsg.): Festschrift Christoph Scheiner SJ (1575-1650), Ingolstadt, Stadtmuseum 2001

[I.7] Martin Dameris: *Warum schwankt der Klimawandel?,* Physik Journal 14, Nr.12, 29-34, 2015

[I.8] Martin Rasper: *Der lange Atem,* Süddeutsche Zeitung, 10./11.01.2015, S.36

[I.9] Tim Schröder: *Die Sonne als Wandelstern*, MaxPlanckForschung 3/14, 62-69, 2014

[II.1] Dieter Lüthi et al.: High-resolution carbon dioxide concentration record 650,000-800,000 years before present, Nature 453, 379-382, 15 May 2008

[II.2] Laetitia Loulergue et al.: Orbital and millennial-scale features of atmospheric $CH_4$ over the past 800,000 years, Nature 453, 383-386, 15 May 2008

[II.3] Anja Krischke, Ulrich Oechsner and Sepp Kipfstuhl: *Microstructure Analysis of Polar Ice Cores,* Physics'Best, 20-23, www.physik-journal.de, April 2015

[III.1] Karl-Heinz Rupp: *Eisbrechende Fahrzeuge und deren Einsatzmöglichkeiten bei Eisbedeckung,* Mitteilungsblatt der Bundesanstalt für Wasserbau Nr.79 (1998)

[III.2] https://de.wikipedia.org/wiki/Bodenvereisung

[III.3] Otto Pregl: *Handbuch der Geotechnik,* Band 15: *Konstruktive Ausbildung von Stützbauwerken,* Institut für Geotechnik, Wien 2000

[III.4] K. Simmer: *Grundbau,* Band 2: *Baugruben und Gründungen.* Teubner, Stuttgart 1992

[IV.1] http://de.wikipedia.org/wiki/TNT-Äquivalent

[IV.2] Eckart Roloff: *Göttliche Geistesblitze,* Wiley-VCH Verlag, 1. Auflage 2010

[IV.3] http://bmwi.de/BMWi/Navigation/Energie/energiestatistiken.html

[IV.4] Peter Goodchild: *J. Robert Oppenheimer, Eine Bildbiographie,* Birkhäuser Verlag, Basel-Boston-Stuttgart, 1982. Der Autor ist seinem früheren befreundeten Kollegen Dr. Joseph B. Rechen in Berkeley, der zur Messung der Radioaktivität den Atompilz in Alamogordo mit seinem Flugzeug durchfliegen musste, für viele interessante Schilderungen dankbar.

[IV.5] Robert Gast: *Ein Wahnsinn,* Süddeutsche Zeitung, 25./26. Juli 2015

[IV.6] C. Hansen: *The Swords of Armageddon,* The Nuclear Weapon Archive

[IV.7] https://de.wikipedia.org/wiki/Manhattan-Projekt

[IV.8] W. Koelzer: *Lexikon zur Kernenergie,* Forschungszentrum Karlsruhe 2001

[IV.9] Otto Hahn und Fritz Strassmann: Über die bei der Bestrahlung des Urans mittels Neutronen entstehenden Erdalkalimetalle, Naturwissenschaften, 6. Januar 1939

[IV.10] R. d'E. Atkinson and F. G. Houtermans: *Zur Frage der Aufbaumöglichkeiten der Elemente in Sternen,* Z. Physik 54(9), 656-665, 1929

[IV.11] Hans A. Bethe: *Energy Production in Stars*, Physical Review 55,4 34-456, 1939

[IV.12] Carl-Friedrich von Weizsäcker: *Über Elementumwandlungen im Innern der Sterne,* Physikalische Zeitschrift 38,176-191, 1937 und 39, 633-646, 1938
[IV.13] Matthias Hempel: *Materie am Limit,* Phys. unserer Zeit 1, 12-20, 2014, Ian Ridpath: *Astronomie*, Dorling Kindersley, London 2006
[IV.14] Lyman Spitzer Jr.: *Physics of Fully Ionized Gases,* Interscience Publishers, Inc., New York 1956
[IV.15] Samuel Glasstone and Ralph H. Lovberg: *Controlled Thermonuclear Reactions,* Van Nostrand Company, Inc. Princeton, Toronto, London, New York 1960
[IV.16] L. A. Artsimovich: *Controlled Thermonuclear Reactions,* Gordon and Breach, New York 1974
[IV.17] Uwe Schumacher: *Fusionsforschung – Eine Einführung*, Wissenschaftliche Buchgesellschaft, Darmstadt 1993

[V.1] Theo Mayer-Kuckuk: *Kernphysik,* Teubner Studienbücher Physik, B. G. Teubner, Stuttgart 1984
[V.2] Kai Zuber: *Neutrinos–die Akte X der Teilchenphysik,* Phys. unserer Zeit 1, 18-26, 2015
[V.3] B. Aharmim et al.: *Combined analysis of all three phases of solar neutrino data from the Sudbury Neutrino Observatory*, Phys. Rev. C 88, 025501, 2013
[V.4] G. Drexlin und K. Valerius: *„Livestream" aus dem Sonneninneren,* Physik Journal 13, 20-21, 2014
[V.5] G. Drexlin: *Direct neutrino mass searches*, Nucl. Physics B (Proc. Suppl.) 138, 282-288, 2005
[V.6] A.B. McDonald, C. Spiering, S. Schönert, E.T. Kearns and T. Kajita: *Astrophysical neutrino telescopes,* Rev. Sci. Instrum. 75, 293 (2004)
[V.7] G. Drexlin, M. Lindner und Chr. Weinheimer: *Wandelbare Geisterteilchen,* Physik Journal 14, Nr. 12, 24-28, 2015
[V.8] Maike Pfalz: *Einweihung unter Tage,* Physik Journal 14, Nr. 12, 7-8, 2015
[V.9] Karl Jakobs: *Das Profil des Higgs-Bosons,* Physik Journal 14, Nr. 8/9, 35-39, 2015

[VI.1] Julius Robert von Mayer: *Remarks on the Forces of Inorganic Nature,* Annalen der Chemie und Pharmacie 48, 233, 1842
[VI.2] S. Vlaski and A. M. Zoubir: *Robust bootstrap based observation classification for Kalman filtering in harsh LOS/NLOS environments,* Proc. IEEE Workshop on Statistical Signal Processing (SSP), Gold Coast Australia, 2014
[VI.3] Werner Buchholz: *The System Design of the IBM Type 701 Computer*, Proceedings of the I.R.E. 41 (10) 1273, 1953
[VI.4] J. Scott Armstrong: *Judgmental Bootstrapping: Inferring Expert-Rules for Forecasting,* Principles of Forecasting: A Handbook for Researchers and Practitioners, Kluwer Academic Publishers, 2001
[VI.5] Volker Faust: *Das Münchhausen-Syndrom,* http://www.psychosoziale-gesundheit.net/seele/muenchhausen.html
[VI.6] http://de.wikipedia.org/wiki/Münchhausen-Syndrom, Susanne Schneider: *Leichter Schwindel,* Süddeutsche Zeitung Magazin, S. 22, 11. Dezember 2015
[VI.7] http://de.wikipedia.org/wiki/Münchhausen-Zahl
[VI.8] Pickover, C. A.: *Wonders of Numbers: Adventures in Mathematics, Mind and Meaning*, Oxford University Press, Oxford, 2001„

[VI.9] Van Berkel, D.: *On a Curious Property of 3435*, http://arxiv.org/pdf/0911.3038v2. Nov. 18, 2009

[VI.10] http://de.wikipedia.org/wiki/Münchhausen-Trilemma

[VI.11] Hans Albert: *Traktat über kritische Vernunft,* Mohr Siebeck, Tübingen 1968

[VI.12] Friedrich Nietzsche: *Jenseits von Gut und Böse*, Werke in 3 Bänden, München 1954

[VI.13] Uwe Schumacher: *Fusionsforschung – Eine Einführung*, Wissenschaftliche Buchgesellschaft, Darmstadt 1993

[VI.14] R. J. Bickerton, J. W. Connor, and J.B. Taylor: *Diffusion Driven Plasma Currents and Bootstrap Tokamak,* Nature Physical Science 229, 110 (1971)

[VI.15] Kenro Miyamoto: *Plasma Physics for Nuclear Fusion,* MIT Press, Cambridge 1976

[VI.16] J. Ongena, *JET's contribution to fusion science and ITER,* Physica Scripta 14 T 123, 2006

[VI.17] J. Nuckels, L. Wood, A. Thiessen, and G. Zimmermann: *Laser compression of matter to super-high densities: Thermonuclear (CTR) applications,* Nature 239, 139-142 (1972)

[VI.18] J. Meyer-ter-Vehn, S. Atzeni, R. Ramis: *Inertial confinement fusion,* Europhysics News 29, 202-205, 1998

[VI.19] Melinda Rose: *Laser Fusion – The Uncertain Road to Ignition,* Optics and Photonics News 36-41, September 2014

[VI.20] Rudolf Kippenhahn und Arnulf Schlüter: *Eine Theorie der solaren Filamente*, Z.f. Astrophysik 43, 36-62, 1957

[VI.21] Richard Dendy (ed.): *Plasma Physics: an Introductory Course,* Cambridge University Press, 1993

[VI.22] https://de.wikipedia.org/wiki/Luftschiff

[VI.23] https://de.wikipedia.org/wiki/Transrapid

[VI.24] Rainer Schach, Peter Jehle, René Naumann: *Transrapid und Rad-Schiene-Hochgeschwindigkeitsbahn*, Springer, Berlin 2006

[VI.25] http://de.wikipedia.org/wiki/Supraleiter

[VI.26] Werner Buckel: *Supraleitung*, VCH Verlagsges., Weinheim, 4. Aufl. 1990

[VI.27] Walther Meissner u. Robert Ochsenfeld: *Ein neuer Effekt bei Eintritt der Supraleitfähigkeit,* Naturwissenschaften 21, 787, 1933

[VII.1] http://de.wikipedia.org/wiki/National_Security_Agency

[VII.2] https://de.wikipedia.org/wiki/Echelon, R.W. Pohl, *Einführung in die Physik, 3.Band, Optik und Atomphysik,* Springer-Verlag, Berlin, Göttingen, Heidelberg 1958

[VII.3] Georg Mascolo: *Terrorfahndung im Alpenvorland,* Süddeutsche Zeitung 9/10.01.2016

[VII.4] https://de.wikipedia.org/wiki/Edward_Snowdon

[VII.5] Hans Leyendecker und Georg Mascolo: *Der große Löscheinsatz,* Süddeutsche Zeitung 238, 16.10.2015

[VIII.1] Hermann Haken: *Erfolgsgeheimnisse der Natur, Synergetik: Die Lehre vom Zusammenwirken*, Deutsche Verlagsanstalt GmbH, Stuttgart, 1981

[VIII.2] Hermann Haken: *Synergetik*, Springer-Verlag Berlin Heidelberg NewYork, 1982

[VIII.3] Vladimir I. Veksler: Atomnya Energiya 2, 427, 1957

[VIII.4] Gersh I. Budker: Atomnaya Energiya 1, 9, 1956

[VIII.5] Uwe Schumacher: *Collective Ion Acceleration with Electron Rings,* Springer Tracts in Modern Physics 84, 145-231, Springer-Verlag Berlin, Heidelberg, New York, 1979

[VIII.6] Johannes Blümer: *Die energiereichsten kosmischen Teilchen. Ergebnisse des Pierre Auger-Observatoriums,* Physik in unserer Zeit 41, 176-183, Juli 2010, Johannes Blümer: *Partikel in der Pampa,* Physik Journal 9, Nr.6, 31-36, 2010

[VIII.7] Ernst Götsch: *Luftfahrzeugtechnik,* Motorbuchverlag, Stuttgart 2003

[VIII.8] https://de.wikipedia.org/wiki/Seitenruder

[IX.1] https://de.wikipedia.org/wiki/Nidation

[IX.2] https://de.wikipedia.org.wiki/Zytoplastischer_Hybrid

[IX.3] P. Narbonne, K. Miyamoto, J.B. Gurdon: Reprogramming and development in nuclear transfer embryos and in interspecific systems. In: Current opinion in genetics and development. Band 22, Nummer 5, Oktober 2005, ISSN 1879-0380, S. 450-458

[IX.4] https://de.wikipedia.org/wiki/Implantat

[IX.5] Katrin Blawat: *Auferstehung im Labor.* Süddeutsche Zeitung Nr.257, 7./8. November 2015

[IX.6] J.F. Ziegler: *Ion Implantation Science and Technology.* Edgewater, USA 1996

[IX.7] H. Ryssel, I. Ruge: *Ion Implantation.* J. Wiley & Sons, Chichester 1986

[IX.8] André Anders (Hrsg.): *Handbook of plasma immersion ion implantation and deposition.* Wigley, New York NY u. a. 2000

[X.1] Bergmann – Schaefer: *Lehrbuch der Experimentalphysik,* Band 1, S. 134, Walter de Gruyter, Berlin, New York, 1974

[X.2] Ian Ridpath, Giles Sparrow, Carole Stott: *Astronomie,* Dorling Kinderslay Verlag GmbH, München, 2007

[X.3] https://de.wikipedia.org/wiki/Raumfahrt

[X.4] Ernst Messerschmid, Stefanos Fasoulas: *Raumfahrtsysteme – eine Einführung mit Übungen und Lösungen,* Springer, Berlin 2005

[X.5] F. Aldinger, M. Auweter-Kurtz, M. Fertig, G. Herdrich, K. Hirsch, P. Lindner, D. Matusch, G. Neuer, U. Schumacher, M. Winter: *Behaviour of Reusable Heat Shield Materials under Re-Entry Conditions,* in *Basic Research and Technologies for wo-Stage-to-Orbit Vehicles* eds. D. Jacob, G. Sachs and S. Wagner, p. 527-548, DFG, Wiley-VCH Verlag, Weinheim 2005

[X.6] Peter Ulmschneider: *Intelligent Life in the Universe – From Common Origins to the Future of Humanity,* Springer-Verlag Berlin Heidelberg New York 2004

[X.7] Michael D. Lemonick: *Gibt es Leben im All?* National Geographic, Juli 2014, S. 36

[X.8] https://de.wikipedia.org/wiki/Liste_von_Exoplaneten

[X.9] Christoph Behrens: *Der Weg zu fremdem Leben, Entdeckung von habitablen Planeten,* Süddeutsche Zeitung 24. 07. 2015

[X.10] Christopher Schrader: *Mars macht mobil,* Süddeutsche Zeitung Nr.269, S.38-39, 22./23.11.2014

[X.11] Alexander Stirn, Nadia Drake, Jürgen Nakott: *Was wollen wir da?* National Geographic, Juli 2015, S.36

[X.12] Alexander von Humboldt: *Ansichten der Natur,* Gesammelte Werke von Alexander von Humboldt 1807

[X.13] Loren A. McIntyre: *Die amerikanische Reise – Auf den Spuren Alexander v. Humboldts,* GEO im Verlag Gruner und Jahr, Hamburg 1982, S.101